打破紅海僵局，取代競爭對手的業務生存策略

你的客戶就是我的客戶

EAT THEIR LUNCH

Winning customers away from your competition

一本幫助你在紅海中存活並壯大的致勝攻略

Anthony Iannarino

安東尼・伊安納里諾 著

洪立蓁 譯

本書獻給每位在激烈競爭中幫助客戶創造更好結果、面對競爭風險的你／妳，你們秉著無法妥協的內在特質、誠摯與誠信，面對競爭不因勝利的慾望而不計一切代價，即便可能因此失去競爭優勢、遭遇失敗，但仍有勇氣站起來、屢敗屢戰。

同樣地，也獻給那些處在商品差異極低的競爭市場的你／妳，你們所能創造出的價值將會是最關鍵的決勝點；也獻給那些無法對症下藥提出解決方案的你／妳，希望這本書會是你們的後盾。

目錄

第三部分　以無形的力量取勝

推薦序

我一直待在一個瘋狂競爭的產業，我賣的服務利潤高，但不如多數人想的那麼光鮮亮麗，買方通常只把它視為一種商品，實際上大部分買家都已經在使用類似的服務，所以我們的活路就是把有利可圖的生意，從早已紮根且根深蒂固的供應商手中搶走，但這些供應商也不是吃素的，不可能輕易放手。

身處於像我這種的利基市場時，最常聽到買方說的就是：「你們這些供應商都半斤八兩。」因為買家通常已經認定這個市場上存在的都是沒有差異的「商品」，什麼產品介紹、服務說明都免了，約個時間碰面開會也省了，「反正都一樣」，「報個有誠意的價格給我，如果價格有在我們底線內，那到時候我們再談」。

單純價格的最低競價遊戲在過度競爭的環境中通常是歷時短、節奏快，在一個電光火石之間就結束了，現實的結果是，現有的供應商玩這種價格遊戲從沒輸過。

說這是苦差事可能太輕描淡寫了，這種工作，勞碌是生活日常，沒有捷徑可走，每次創造出來的機會背後都是策略的堆疊，每一次成案都是苦幹實幹的成果。在這種現實殘酷、弱肉強食的割喉戰中，不懂得創造差異價值的業務員很快就會被洪流淹沒。

從如此坩堝般火熱競爭的世界中，我學到如何左右棋局並吃掉對手，簡單的說，如果你可以翻轉被商品化的命運，如果你知道如何和買家搏感情並進而影響他們的行為，如果你能巧妙地凸顯競爭對手的缺點，而且對於擠掉對手游刃有餘，那你一定可以真正的發大財。

我其實很喜歡我身處的這個競爭環境，而且老實說我混得還算不錯。把一些爽日子過太久又占盡便宜的對手踢走是我賴以生存的遊戲，而把一個被打入無差異化的商品，逆轉為具差異／附加價值的服務，對我來說則是一門高級藝術。

讓我和諸多業界先進一樣成功存活的，不是操弄、花招，也不是高深科技，稱不上是什麼壓倒性的競爭優勢，當然更不是廣告行銷或是品牌建立。

真正的原因可以說是「收買人心」的過程，是我的專業度、誠信，以及人際關係的專注維護，當我掌握了人因影響的架構、交易策略及我的個人情感，我便在眾多競爭者中大放異彩，然後，當我成為一個投入於幫助客戶達成可量化商業結果的問題解決者，我想當然爾成為贏家，屢試不爽。

在這本巨著中，安東尼．伊安納里諾會帶給你的是競爭性替代的科學與藝術，他會一步步讓你看見世界頂尖業務員是如何殲滅他們最凶猛的對手。你會學到致勝的策略與概念，讓你在人才濟濟的全球商業市場中展現與眾不同的差異價值。

安東尼是我的超級好朋友，親如真兄弟，我們經常討論銷售行銷的話題，就好像著魔一般，有時候一天討論好幾次。我們也並非完全意見一致，更多時候我們會辯論、會吵架，會對一個想法互不相讓，但我們都是被一個共同的使命推動著，也就是把銷售這項工作提升到一門專業的地位。

我們在激辯之後發現，銷售專業日漸式微，越來越多沒有競爭力的業務員，每天等著有人把生意捧上門。如同安東尼曾比喻說，我們那個世代的業務員是造雨人的話，那這個新世代的業務員可能就是求雨人，什麼也不做、只會仰望天空看會不會掉個兩滴下來。

抱歉我要讓很多人失望了，只是引頸期盼不叫做策略，所以現在是時候從銷售專業的萎靡中甦醒，就從這本書開始。

為什麼安東尼的書值得你留意？他和你一樣努力在商業戰壕中搏鬥生存，和他自己的銷售團隊一起，廢寢忘食處理一單又一單的交易，如同許多偉大的銷售專家一樣赤手空拳打肉搏戰，最後成為贏家。而且他簡明扼要，直指要點，從混雜的各路說法中篩選出你最需要的真理。

在《你的客戶就是我的客戶》中，安東尼毫不保留地告訴你一切，你會得到沒有修飾過的真相，知道為何失敗而且無法達成你的目標收入，你會清楚地知道為何你的競爭對手總是一次又一次擊敗你。

每多看一頁，你在競爭情境中的自信就會多增加一分，你會運用新策略讓你做出關鍵決定。你會學到如何和買家互動，即便是那些把你商品化的買家也會眼睛一亮。當你運用安東尼的技巧，你會大大的勝利，你的願景會大大成功，而且你狠狠地把你的競爭對手吃下肚。

所以現在你的第一個決定來了，你可以把這本書拿回去退掉，嘴張開開看著天上，乞求好事發生，或者你可以馬上動起來，向銷售專家中的大師學習，成為你注定要成為的造雨人。

傑布・布朗特（Jeb Blount）

著有《Fanatical Prospecting》、《People Buy You》、《Sales EQ》，以及《Objections》

給讀者的一封信

這本是我多年來出的第三本書，如同前兩本《金牌業務：9種心態＋8項技巧，決定你的業績表現》及《成交的藝術：達成交易的十個關鍵承諾》，這本書是銷售領域的實用手冊，你可以把他當作操作手冊或是劇本，它並非只能給你概略架構的理論書籍，它讓你能實際上把你所讀所學付諸行動，並將你的競爭對手擠出目標客戶的口袋名單之外。

這本書還有更多知易行難的內容，只有半桶水的人會告訴你不須靠你自己的真正努力就能得到你想要的，而這本書的內容則完全是你真正要努力的事情，是創造從競爭對手手中贏得客戶的契機。我提供的不是捷徑，不是小技巧，也不是輕鬆好走的路，而是提供你一套透過自身的扎實努力，增加效率及成果的策略。

這本書涵蓋的部分內容，是我努力簡化後的艱澀概念，好讓你可以從中有所選擇，如同好的銷售技巧都是由好的決定所累積而成的。而你在讀這本書的同時，一定也會透過自身的經驗去理解，也就是說你是用某種特定的、屬於你自己的角度來看這本書的內容，這本書會教你透過一套全新的觀點，去理解競爭中的各種問題、去了解身為業務員、業務經理或業務主管的角色意義，及去理解你的理想客戶。

同時這本書也會讓你自己去思考一些問題：「要跟我的客戶分享甚麼想法才能獲得他的關注？」「如何才能從這層關係中創造更多價值？」「對於那些過去與公司有差勁合作經驗的舊客戶，如何才能改變他們不好的印象？」答案因公司而異、因人而異，這些都是你需要認真想過的情境問題、是可以讓成果更加美好豐碩的關鍵問題。

最後，我想分享有關我在這本書所創造的觀點，我在《金牌業務：9種心態＋8項技巧，決定你的業績表現》書中討論了現今銷售中成功所必要的競爭力模型、心態（人格特質）及技能，該書的重點在於如何讓你成為有價值的業務員。第二本書《成交的藝術：達成交易的十個關鍵承諾》，談的是我們需要幫助客戶對自己做到什麼樣的承諾作為，以便產生更好結果。而本書作為三部曲的最後一本，立論於前兩本書，以一本方法論的型態提供競爭市場中贏得業務的概念架構，對於身處銷售行業的我們來說極為重要、又很少被談論的事情，即為藉由摒除競爭對手來創造及贏得業績的方法論。

引言

作為一個業務員，你有銷售過一項嶄新且極具突破性的產品的經驗嗎？或者有一長串潛在客戶迫切需要購買你的產品，因為你是這個產品唯一的銷售者？或是在沒有真正付出勞力跟作為的情況下，一系列大規模又賺錢的交易就成交到手？沒關係，這些經驗我也都沒有。

因為我們大多數的人都在發展成熟的產業裡工作，人才大量供給因而競爭激烈，所以我們都被視為一項「商品」（即便我們本質上並不是），在這樣的產業中，我們被要求從競爭對手的手中搶下市佔率來達到成長，更多的情況是我們必須在對手搶走我們的客戶前先發制人，不然怎麼可能在年成長僅二·七%的產業裡達到一二%的成長率？

藍海策略＊是一種創造沒有競爭對手的新市場的概念，使公司不再被迫於與對手激烈競爭，同時改善公司獲利能力以及創造成長契機。網飛（Netflix）、優步（Uber）和Airbnb等公司都創造出自己的藍海，打破市場固有規則，使其變成為一時之選、更準確的說是唯一之選，刪除劇本中非得與其他公司競爭不可的老橋段並且避免被商品化。但無論藍海有多麼令人嚮往，創造幾乎沒有競爭的新市場、利潤率高同時又可以有高成長率，簡直太棒，然而實際上我們生存的世界往往事與願違。你會發現其實你是在紅到不行的紅海一隅裡進行銷售與業務工作，不過就算這座海是深深的紅色，你也不必非得跟對手刀刀見骨、血流成河，這本書帶給你的就是讓你學會創造更高價值，和周遭強悍的對手競爭的生存之道。

過去十幾年以來，科技的不斷進步創新也逐漸改變銷售的理念及方式，讓顧客自己來找你的集客式行銷崛起、把主導權給予客戶的導引式行銷也出現（導引式行銷旨在開發已表達對於某項特定產品有興趣及購買意願的潛在客戶名單，我認為這東西和獨角獸一樣珍貴罕見），導致業務員開始覺得他們不需要去挖掘及創造各種業務開發機會，而只是單純的「社交業務員」，期望可以在一個不干擾、不接觸客戶的情況下就可以創造業務機會。這同時也代表許多業務員拋棄了自己必須成為一個可信建議者的責任。許多銷售主管甚至想透過電子郵件來自動開發客戶，內容粗糙不堪，一看就是沒有靈魂的業務信件，結果不僅是破壞了電子郵件這個媒介，讓所有的聯絡信件看起來都像是業務騷擾，也讓業務員難以建立真正的溝通來發展客戶關係。

遵循這種方法的業務單位已經迷失方向，對於商業機會的缺乏以及成長萎縮感到困惑挫折。除此之外，我也注意到在這種方式下，業務員根本是虛應故事，沒有任何想要努力創造契機、抓住機會並幫助理想客戶產出更好結果的動力。

現在你所需要的是一套讓你摒除競爭對手並在紅海中提升市佔率的劇本。為創造並贏得契機，你必須能夠在擁擠、同質性高的市場中製造差異化。這種差異就是你為理想客戶所能創造的更高價值，而且是一種更實在、更有說服力且更具策略性的價值。

這本書吹響號角，希望大家將行銷銷售推回到其基本面上，包含創造價值、提升大腦佔有率、主動開發客戶並努力從競爭對手手中把理想客戶搶過來。同時也提醒你銷售是一種零和競爭，一個人的勝利必定建築在另一人的失敗之上，而你是其中的競爭者之一。你必須將你的身心全部投入其中，展現你最好的一面。這本書是當你要採取立即行動時最有力的推手，就如同曾有個讀者說，「我要確保這本書在我居住的城市買不到，好讓我的競爭對手永遠沒機會讀到它」，這本書也會告訴你如何尋求並維持競爭優勢。

＊《藍海策略》是由韓國學者金偉燦和法國學者勒妮莫博涅共同著作的暢銷書。

關於競爭

在我們開始討論如何替代對手並吃下他們的市佔率之前，我們先討論一下你應該如何看待競爭這件事，以免你認為競爭中的替代行為就是嗜血、「不惜一切」、「不計代價」。

想像一個畫面，你和你的公司在市場上與他人競爭，你深信你所銷售的一切以及採取的方法都比你的競爭對手來的好，可以比你的對手們更讓客戶滿意。我們先假設一切為真，那麼你應該會贏得客戶、市佔率提升。同時，你的競爭對手並不會坐以待斃，眼睜睜看著市佔率被吃掉。反之，他們會留意你賴以成功的一舉一動，並想出方法來創造更多更好的價值，然後下一步就是回到市場，鎖定你的客戶出擊，最後把你給踢掉（或以此為目標）。

這種競爭方式的最大利益者是客戶，因為我們的競爭創造更高價值來贏得它們的生意，受到服務的客戶也得到更好結果。這是商業世界進化的過程，而且事物也因此變得越來越好，這也是為什麼當你閱讀此書時，你身邊的手機不是諾基亞或是黑莓機。

長遠來看，你的誠信正直是競爭成功的關鍵因素，這本書不會教你不計代價的去取得勝利，你永遠不應該在競爭過程中從事不道德或不合法的行為，也不應拿你的人格或名譽冒險，這本書前前後後沒有建議你要「跟對手爭個魚死網破」，或將你的競爭對手視為「敵人」，你不是黑手黨老大或軍閥要摧毀你的對手。這種思考模式只會讓你變成難以信任的人，也不可能成為長久合作的夥伴。成功地搶走競爭對手的客戶與競爭對手本身其實沒什麼直接關係，反之，你應該從自己出發，藉由創造比對方更高的價值來贏得客戶，這也是贏得客戶唯一的永續策略。

對付奧步

即便是今天，有些業務員仰賴老派傳統的戰術性行銷技巧及強迫推銷來贏得銷售，仍然被教育著成功需要「不惜一切」的態度。這種想法及戰術是過時且無效的，而這些業務員用來競爭的策略也是一樣。

專注在競爭上面不會讓你贏得勝利，你如何玩這場遊戲才是真正讓你成為可怕對手的關鍵，讓我們一個一個來看看有那些你不應該做而你的對手當成例行公事的行為，當你的對手以為這些舉措會讓你產生問題而想趁機搶走生意，其實卻是正在弱化他們自己的競爭優勢。

你的競爭對手之中有些人專打價格戰，提供比你差勁的服務但報價卻比你低，同時承諾客戶他們能做到跟你一樣的成果。這樣的做法會馬上得到市場中價格敏感度最高的客戶的青睞，雖然像這樣把價格列為唯一篩選條件容易帶來一些缺點，但這些價格至上的人容忍這些缺點的能力超乎你想像。當然價格戰中偶爾也會出現一些好咖客戶，直到別人想出方法介入之前，這些客戶都不會想要替換現有的供應商。當你面對一個訂價結構極不合理的競爭者，你其實不可能去改變他們什麼，當然也不能隨之起舞、改變你自己的訂價模型或策略，你唯一能做的回應就是以高價取勝。這代表你必須創造更多價值（以下章節會教你如何辦到）。

我遇過一個極度積極的競爭對手，在沒有收到報價邀請的狀況下，不請自來地寄了報價信給我的客戶，用他們認為是我方價格的資訊做了成本節約分析，內容顯示由低價的他們來替代我方可以替客戶省下高額成本，並把信件寄給公司各大主管，天要下雨、娘要嫁人，他們要寄這封信，我當然沒有辦法阻止。幸好，最後我們贏得這場價格戰，因為我們創造的價值多過於客戶轉換供應商所省下的成本。

你也一定會常遇到競爭對手對你和你的公司散播不實的負面聲明，我自己就遇過好多次，包括曾經有人打電話給我一位往來二十年的老客戶，說我的公司要破產了，但其實當年度我們公司的營收與獲利成長率都是歷年最高紀錄。我的客戶打來告訴我對方所說的話，但因為我們之間殷實與透明的關係，這通電話只為了讓我知道這件事，而不是客戶相信它們的謊言。

對於惡性競爭對手，你唯一能做的事就是確保它們所說的負面消息和外界對你的了解完全不一致，讓你的競爭對手立即失去任何可信度。如果你的潛在客戶用你的競爭對手所說的話來質疑你，你可以這麼說：「我不知道為什麼他們要說這種事，但我相信他們也不清楚真實狀況，如果對於哪個部分還是有疑問，我會為您處理到底，確保您沒有其他疑慮。」

我也曾遇過競爭對手提供回扣給目標客戶的員工，不惜一切代價，即便違反公司的倫理守則並用錢來換取生意，讓客戶員工身陷風險中。還有一次，我在與客戶生意談判時，客戶窗口問我這邊能夠提供他個人怎麼樣的好處？我發現他是拿了別人的回扣所以也轉而要求我，於是我當下就拒絕了。

當你遇到必須選擇是要做非法或不道德的事情來贏得生意，還是不做走人，那就選擇不做。沒有任何交易值得賠上你的人格或誠信，那些選擇走非法或不道德途徑的人並不是真正在競爭，他們其實是在逃避競爭，或許他們可能會有短暫的勝利，但長遠來看他們最後會從市場上消失。更重要的是，從另外一個角度看，你也不會想要和一個不誠實的客戶合作。

講一個比較不邪惡的例子，我曾經看過某個競爭對手每個星期五早上送客戶咖啡和甜甜圈。還好，甜甜圈的價值還不夠收買客戶。

提到你的對手時，你該怎麼說

當你的競爭對手可能利用任何機會說你的不是，你該如何看待他們、評論他們？不論競爭對手是誰、有多壞，不管他們做的事情是否非法或不道德、商業技巧有多不合理，你都不應該直接正面批評他們，事實上，你應該做的事恰恰相反。

讓我解釋一下：當業務員跟削價的對手競爭時，我發現到他們最常說的是，「他們的價格不合理，這樣根本沒有利潤可言，不可能用這種商業模式經營啦」。這裡頭有很多意涵需要說明。首先，這業務員的分析，認為他們競爭對手的低價導致客戶對需要達成的結果投資不足，或者是對於其競爭對手的獲利太低或無法持續經營，可能都是正確的。但是事實上，這些人手上仍有客戶，也就代表他們仍有一定結果的產出。其次，作為只能從外部觀察的你，其實很難針對另一家公司的收益做出準確評論，何況這些公司其中有一部分在業界打滾的時間比你還來得久。所以當你沒有明確證據的時候，去指稱你的對手營運狀況不佳無法持續經營，其實很難說服別人。

最後，可能也是最重要的，試圖抹黑對手並不代表就能創造對你有利的選擇偏好。事實上，當你必須要跟對手打這種臉紅脖子粗的口水戰，這代表你也提不出什麼更好的差異化或更高價值。

跟客戶對談中提到自己的競爭對手其實沒甚麼好處，即便是你是在跟對手的現有客戶、也就是你的目標客戶談話也一樣，即使現在討論的是客戶現狀的不足並規劃更好的前景，你的競爭對手沒辦法幫助客戶達到這個前景也與你沒有關係。我們只要自己知道，他們無法創造出客戶需要的成果，甚至客戶本身根本都不知道自己有機會達到這種高度的成果。你無須在對手背後說三道四來讓客戶嘗試改變。反之，你應該在對談中告訴客戶你能創造比對手更高的價值、說明你的高價值是專為應對哪些常見的挑戰所構思設計，你也可以提出你對未來可能面對的挑戰的看法，這個部分我們會在第二章討論更多細節。

或許有一天你遇到非得談論你的競爭對手的場合時，你有比較恰當的方法來做這些評論，會讓你看起來比較像一個有專業度、有可信度的諮詢者，或是可以提出更好提案的人。你應該這麼做：與其將對手說得一無是處，如果被問及你的競爭對手時，你可以說一些正面的話。你可以說：「我在他們公司有認識一些朋友，都是好人，他們在某種狀況下的工作成效其實真的也很棒。不過，我跟他們對於客戶服務及產出結果有滿多極不相同的想法，如果你不介意的話，我是否可以和你分析一下我跟他們的不同在哪裡？當然我也會說明背後的原因。」這段話給人的感覺是，因為你過去以來不斷地達成目標，也因為持續和現有客戶一起努力，你越來越深知你跟別人不一樣的地方在哪裡。不說任何貶低對手的負面話語，而且表達在同業中也有認識朋友，不必人盡為敵的這種應對，是提升專業形象的機會。當你說「我們有滿多極不相同的想法」時，你便打開可讓你與眾不同的對話，說明為何你的作法與對手不同，以及如何比別人產生更好結果。這是你非常需要有效達到的結果，即可以創造更高價值的差異性質以及與你合作的偏好情緒。當你說出，「業界傾向相信這是最正確的執行方法，但我要跟你說，我們已找到更好的方式」這句話就已足夠，你根本都不需要提及對手的一分一毫。

如果客戶不滿意現有的結果，你會聽到他們對於你的競爭對手的抱怨，對你來說這就像是音樂般悅耳，因為你知道客戶越不開心，越有可能改變越大。但我要提醒你，客戶不斷誘使你加入他們對競爭對手的抱怨，你不能太過見獵心喜，要小心這個誘餌，你可能反而看不到事實的全貌。目標客戶跟你分享對手一長串嚴重缺失，並不能代表你的競爭對手就是造成客戶成果不如預期的主因，也可能是客戶自己的固執己見、拒絕採納建議來做必要的改變。我們就不要自欺欺人了，你知道你有些客戶就是如此。

最後，你需要放下許多你的競爭對手會阻礙你銷售工作的想法。讓自己相信你的競爭對手可能會說謊，或者它們的方法及定價模型是你損失的主因，這是不健康的想法。會讓你的信心動力被剝奪，讓你以為自我定位、公司定位及想出解決方案來創造高說服力及高差異性價值的責任不在你。你的工作重點就是要讓客戶了解你所創造的價值，如此你才有機會取得勝利。如果你覺得自己理應對某次損失負責，那你會想辦法去改變你的方法並獲得改善，但如果你都怪到對手頭上，那你就是推卸責任而且持續損失下去。

對於你的競爭對手，你沒辦法做任何事，你所說所做的一切都無法讓他們改變行為、方法或定價，即便你開始藉由創造更高價值來贏得它們的客戶，競爭對手可能會更變本加厲地用他們現有的方式來跟你競爭，所以你的焦點應放在如何改善你的銷售方式上面。這裡並不是要來個老生常談：「我不想比任何人好，我只想比昨天的我更好。」這用講的是很好聽，但你真正的目標應該是要比昨天的你更好，還要比你今天最好的對手更好。

綜上所述，我從這本書所告訴你的，是如何公平競爭，但又同時讓你的競爭對手認為你有優勢，你會讓客戶對你提出的解決方案感到強烈的偏好，讓對手以為這是其實是一場不公平的競爭。

如何擁有不公平競爭優勢

當我們在看體育競賽或其他競爭項目時，我們都會傾向應該要有公平競爭的想法，然而，當在銷售業務上競爭時，你會希望不要平等並且完全傾向你的這一方。但你的人格和誠信是你競爭優勢的主體，所以你不會犧牲它們只為了尋求其他優勢。你從這本書會發現，對於有效銷售的長久之計，你是個什麼樣的人比你銷售些什麼事物，要來得更為重要，你會藉由在比你的對手更會創造吸引人的改變方案、銷售業績上比競爭對手更好，來創造不公平競爭優勢。

在本書的第一部分，**發展關係並取得途徑**上，你會發現如何發展你需要的新關係，以展開創造替代契機的過程，換句話說就是本書的重點，吃掉對手。

在**第一章：你是價值主張的重心**中，你會學到你的產品、服務及解決方案並不足以創造改變方案或合作偏好。反之，你做為一個可信諮詢者角色的能力會讓你創造具說服力、差異化價值及開始摒除對手。為達此事，你要從最高價值發展關係，也就是我們說的，改變發生的第四階層開始，而非視你為商品的較低階層價值。

在**第二章：提升大腦佔有率**中，你會藉由發展商業敏感度、情境知識並加以應用來創造競爭優勢，可幫助你的目標客戶了解，為何需要有所改變，並且幫助客戶慢慢的將這個改變塑造成型。能夠影響客戶對其業務或未來挑戰的思考角度及觀感的人，便是創造及贏得契機的人。

在**第三章：透過培育活動及卓越計畫來創造開端**裡，提供一個藍圖，讓你的洞見付諸實行，並讓你對於未來規劃的能力可以被更多客戶看見、能見度提升。創造契機需要時間，而這個計畫會指引你的路。

如果你不時繼續勘探並付諸實行，那麼所有這些洞見都只是說說而已，在**第四章：意圖不軌的試探**中，你會建立一個探勘計畫，好讓你在競爭對手內部口袋名單中找到機會。

在**第二部分：建立共識：接通天地線**中，你會學到一套創造契機並建立必要支援的新思維架構。

在**第五章：幫助你的目標客戶發掘自我**中，會提供你一套新的不同觀點，去設想有關發掘這件事，讓你了解如何創造真正的改變。你會學到很多有關你的客戶的事情，同時也會學到一些有關你自己的事情。

在**第六章：創造契機**中，是深一層探討，所謂真正的契機，是由客戶端對於改變所做的承諾而能得知。本章會提醒你銷售的組成一部分是創造契機，另一部分是抓住契機，而替代則始於契機的創造。

第七章：建立水平與垂直共識及**第八章：找出交易之路**中，是來幫助你了解目標客戶之利害關係人及其關係，以找出前進之路的藍圖。

這也帶出**第三部分：以無形的力量取勝**，以下四個章節會幫助你自我定位成「找他就對了」的業務員。

在**第九章：創造偏好**中，是一系列策略的訣竅，讓你能打破平衡，創造對你有利的局面。讓你的目標客戶會想要你加入它們的團隊，以取代他們現有的生意夥伴。

在**第十章：斜槓人生：可信建議者、顧問式業務**中，提供你成為這兩種人的方法，每個人都想要成為他們客戶的可信顧問，在這裡你會學到如何達成這項目標。

在**第十一章：發展領導風範**中，現在你站在價值主張的重心，表示你給人的感覺跟你的行事都需要能夠像個權威一樣，而如果你要領導改變，你就必須看起來像個領導人。

第十二章：如何在客戶周圍搭起防火牆中，告訴你如何避免這本書的內容反過來發生在你身上！（而且也會讓你不需要從附近書店中偷走這本書的所有庫存。）

結論：區辨想法中：只是一些關於這整個行銷遊戲的想法，以及對我們這些每天處在遊戲中的人所代表的意義。

第一部分

發展關係並取得途徑

第一章　你是價值主張的重心

要摒除你的競爭者（直接說就是吃下他們手上的客戶），你需要讓這些目標客戶們覺得，換掉舊合作夥伴、轉而跟你合作所耗費的時間、精力及金錢是絕對值得的，同時也必須吸引它們去做這個改變。

你可能想說，那就等著看有沒有什麼負面事件突然發生，客戶就會讓你的競爭對手畢業。你可能想說你的競爭對手會在客戶以為一切順利起飛的時候捅了一個很大的婁子，超大的那種，結果狠狠打斷人家客戶整套的業務計畫。你也可能希望爆出某些狀況，然後客戶就會突然想到你、開始從郵件海裡面找尋你的蹤跡，或者從抽屜裡面一堆名片中就這麼執著的要找到你。

但是守株待兔不算是一種策略，只有等待不僅被動，也是後動。要能贏得新客戶芳心的策略，是你必須要非常主動而且要有更細膩的方法與手段。看到這裡你也就可以理解，你的目標客戶中的某些人應該對於他們現有供應商並不是很滿意。也許沒那麼不爽到立刻馬上就要踢掉供應商，但在現存的合作體系下，他們可能是耗費了洪荒之力才勉強達成計畫目標，而且想當然爾會希望好還要更好。所以我們來仔細討論一下，為何這些客戶會容易做出改變？

有跡可循

開始討論所謂競爭性替代的整體策略之前，我們先建立一個觀念，被「替代」或者說被汰換掉，是有些跡象的，不管它所代表的可能性大小。我必須先說，如果你有過被換角的經驗，這些內容可能會勾起一些不太好的回憶。

自滿

如果說從一個位置被拔掉有一個最根本的原因，那應該就是自滿。假設你的競爭對手竭盡所能幫助客戶解決某些問題而獲得客戶青睞，結果多年合作下來，誠摯服務變成例行公事，因為這些時間以來你的競爭對手只是一直執行著同一個解決方案。

但是時代在進步、外面的世界不斷地在改變，客戶（就是你想要搶走的這個客戶）開始面臨一些現有工作夥伴沒有處理到的新挑戰，可能是低價競爭、可能是逐漸無法滿足的顧客需求，或者有各種各樣系統性問題，以致於即便現有的工作方法越來越不見成效，還是被當成唯一的可行之道。

所以當你的競爭對手因自滿而不再努力創造新價值時，它們便暴露於競爭型替代的可能風險之中（同樣的，對你和你的客戶來說也是一樣）。

自以為的權利感

這是一種帶點驕傲的權利感。當你的競爭對手服務客戶多年，甚至幾十年都有可能，開始相信客戶與他們之間的關係已經堅固到成為一種無法穿透的界線，把其他潛在對手都擋在外面，就像電影裡面的力場一樣。他們相信客戶會看在過去合作的這份歷史情面上就讓他們長久獨享生意，然後最後就走向自滿的心態。

另一種狀況是，相信與客戶的合約關係足以保護生意不輟，確保直到合約到期前，合作關係都穩如泰山。但其實在雙方合作關係中，合約所能提供的合作保障效力或者是關係維護效力並不如想像中來得強大。事實上，客戶不輕易改變合作夥伴的原因通常不是合約還沒到期，而是換新的生意夥伴所耗費的成本太高，同時要面對接踵而來的磨合陣痛期，往往會讓客戶選擇維持現狀。不然要在客戶的耐心上加個期限的話，這個期限我想通常會比合約期間還要短。

當你的競爭對手感到一絲無謂的權利感時，過度自信會將他們推向被換將的邊緣。

冷漠與缺乏溝通

自滿及權利感所表現出來的方式也可能是冷漠，導致無法和客戶進行頻繁且有意義的溝通。在多年合作下，你的競爭對手可能落入例行公事的舒逸，客戶沒有再提出什麼要求，他們也提不出什麼新想法。沒有真正做到溝通時，到最後就是會議裡、電話上的各種行禮如儀、流於形式，無法為客戶創造真正的價值。

久而久之，客戶和你的競爭對手之間的關係就變成陳腔濫調，對於外部威脅甚至內部問題都沒有抵抗能力。他們的冷漠相對會反映在客戶對於他們之間合作關係的冷漠。此時，不斷持續聯繫邀約會面的業務員如你，展現出對於雙方合作強烈的熱情，就有機會成為客戶更感興趣的夥伴，開啟汰換夥伴的契機。

怨恨

你可能從沒看過或者你的公司單位裡不一定發生過同樣的事，但在服務同一個客戶久了之後，有些業務員會開始產生怨言，開始覺得客戶變得有點煩人、需求越來越多，需要更多時間才能敲定各種事情。我還有聽過某公司號稱客戶導向，結果除了抱怨客戶甚麼都不做。這些抱怨或許只有內部人知道，但以為客戶不會嗅到關係中的改變就是大錯特錯，當他們不再視客戶的需求為世界上最重要且最需關切的事，打包走人也是自找的結果。

利害關係人

當出現一位新的利害關係人，一切就會開始變得有點有趣了。為什麼？一個新上司或新管理者在走馬上任之後第一件想要做的事是什麼？他們會想要把現存的所有事物都改成照著他們的意思走，他們會想要建立一個寫著自己名字的遊戲規則，來個下馬威。

新官上任三把火，他們想要發揮影響力最簡單的方法之一，就是拔掉一個自滿的生意夥伴，因為這個夥伴憑著一紙合約就覺得地位穩固了，要求的改善事項也做不到、也不再仔細溝通了，對於系統性問題也無能為力。公司內部某些人可能會因為現有商業夥伴被取代而有所不滿，但即便是與其有深厚關係的人，低氣壓的氛圍通常也很快就過去了。

我個人就曾經損失一個客戶，因為客戶公司的新主管不喜歡我們提出的商業模式建議，並且認為她做了英明決定，就是用價格作為衡量，由低價競爭者取代我的公司。結果，客戶公司品質管理成效開始下滑，過去我們曾經幫助客戶妥善面對的各項問題，全部重新浮出檯面，不到一年的期間這位主管便離職，而我們又重建與該客戶的合作，但其實並不完全是過去這一年的成果不佳導致公司想要我們回去；最重要的推力是當她離職後，另一位新主管上任之後所想做的「改變」。

被擱置之需求及改善

當客戶要求他們的生意夥伴做一些改善事項，結果一拖就是好幾個月甚至好幾年，久而久之，客戶就會開始思考能不能來點會的？是不是該換個人合作？這其中有兩項重要因素，第一，沒人喜歡被忽略的感覺，對應客戶需求而做出改善方案的時間拖得越長，客戶越傾向去找另一個能滿足客戶改善需求同時顧及時效性的競爭者來取代之。第二，好歹也要做些什麼事情，什麼都不做是一種毫不在乎的表示，如果真的在乎，那麼至少會試圖採取各種不同作法，並跟客戶溝通一切正在進行的動作，以及這些動作如何符合客戶需求。

「不滿意」在行銷中的口語觀念代表著客戶堅決希望有所改變，等於客戶在告訴你，某件事情讓他感到很「痛苦」，也就是你一直以來都知道要在前期會議的討論中可以特別尋找的激痛點，並且針對客戶明顯不喜歡且需要改善的事情提出解決方案。這原本可以說是競爭性替代策略的黃金準則，但在本書出版的同時，這已經不能說是不變的真理了。反之，客戶在許多方面變得開始妥協於現狀、降低標準，而且也發現做了重大改變卻可能只有帶來少許增益的回收，而更加難做決定。他們也許想要避免改變帶來的風險，但往往換來更多不同或未知的挑戰。

未處理的系統性問題

以上列出之所有因素可以弱化你的競爭對手對於客戶的掌握，並且可能可以促成客戶更換供應商的機會。但如果你仔細想一下，你很快會發現你自己也對客戶做過許多同樣的事，然後你還是跟他們繼續合作（不用擔心，我們會在第十二章再討論這些因素）。事實上是，多數狀況下這些因素還不夠讓公司狠下心來做出些改變，這也是為何即便一間公司明顯應該要做點改變了，可是還是遲遲無法決定。

本書前三分之一說明如何發展並取得生意關係，好讓你提升你的大腦佔有率，並利用一些未妥善處理的大型結構化改變，最終導致客戶業務受損的情況中，找出創造改變的契機。如果你能利用你的競爭對手搞砸的這項客戶需求，去找出客戶「夜不成眠」的原因，那麼系統化威脅將是可以讓你更主動地去告訴客戶「你『應該是因為這件事』而夜不成眠吧」的關鍵要素。

我們前面的討論，建基於一個已知客戶的要求及需求，並讓你從中對於現存的原因能加以回應，我們在這裡要運用的是一種藉由點出客戶端被忽略的策略性或系統化威脅，而主動去創造改變的方法。本書所運用的方法不是要你等著客戶決定要進行改變的需求；反之，你要促使改變成真。你要跟你的目標客戶解釋他們現在能得到什麼，而相反的你又有什麼是他們一定需要的。我們要來看看多數銷售業務單位及業務員正在使用、促成改變並創造契機將你的競爭對手摒除的方法。

從右邊開始：創造價值的四個層級

你可以為你的客戶創造四種層級的價值。當多數業務員創造的只有低階價值，你可以創造更高、更具策略性的價值，使你和你的競爭對手有所不同，並協助客戶辨識出新的契機，也就是「你」。

第一層級：產品

最底層且最基本的價值是你提供的產品或服務。因此，許多銷售機構或其業務員都藉由討論產品或服務開啟對話。他們會告訴客戶在使用他們的產品後，會得到什麼好處與特點。當這

四層級價值創造總覽

第一層級　產品

- ⊕ 好產品或服務
- ⊖ 無差異化
  不會產生商品忠誠度

第二層級　服務

- ⊕ 傑出服務
  傑出支援
  好產品或服務
- ⊖ 對B2B來說尚有不足
  不夠主動

第三層級　商業成果

- ⊕ 解決明確的商業問題
  傑出服務&支援
  好產品或服務
- ⊖ 易因客戶滿意度不足而導致損失
  商品化

第四層級　策略夥伴

- ⊕ 策略結果
  預見整體的未來
- ⊖ 難以創造
  難以維持

些業務員老練到一個程度，他們會讓客戶通曉透過這項產品的特點而能達成的任何成果，說起來無處不是「優點」。

不要誤會，擁有好的產品對你固然重要，擁有絕佳的產品自然更好。然而更重要的是，一個好的業務員配上普通產品絕對贏過差勁業務員配上絕佳產品，這裡的問題是，市面上跟你的產品一樣好及可用的產品何其多，而你的產品卻不具差異化、不足以刺激潛在客戶改變生意夥伴，這也是你的角色逐漸走向商品化的原因及過程。

如果一個業務所做的只是單純提供好產品，那麼他會發現要讓客戶產生忠誠度很不容易，所以如果對手只創造了第一層價值，也就是產品本身的價值，在你切入和目標客戶進行更高價值的對話的同時，實質上就產生了替代的效果。如果你認為你的產品價值，就是客戶想要從你這邊得到的最高價值，那麼你對顧問式行銷應該是有所誤解，停留在第一階層價值就是流失客戶的禍因。

第二層級：服務

當我們提供客戶產品的同時，也創造服務和支援的需求，有時產品不盡人意，有時最終成果很難達成，客戶需要協助來使產品正確運作並得到我們最初「賣出」的預期成果。

協助你的客戶針對你的產品執行、使用或偵誤，是更高層級的，不同於第一層級提供者，適時協助客戶完全抓到你所賣產品的價值，這種和你合作的體驗就是第二層價值。這種體驗的本質是：你在商業合作上是一個好往來的人嗎？你能在每天的業務中去配合和你互動的人的需求嗎？你有辦法可以快速且有效地解決購買及使用你的產品時所產生的任何問題嗎？

第二層級價值比第一層級當然來的更好，如果你的競爭對手創造的只有第一層價值，並且沒

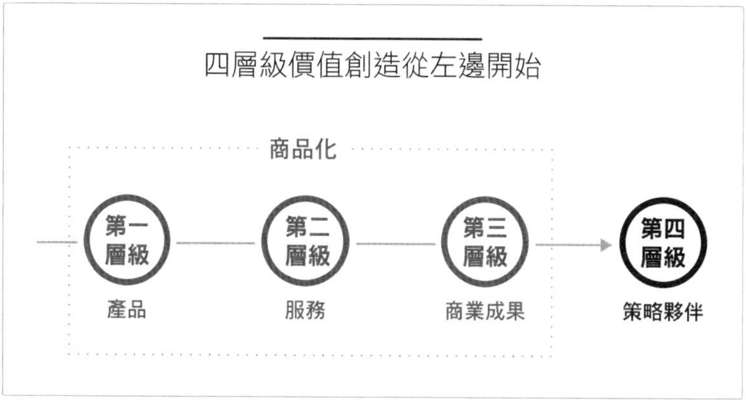

有立即且適當地處理產品及服務發生的失誤，相較之下，擁有更高層級價值的你會創造出一個強而有力的理由來促使客戶轉向你。產品失敗所花費的成本促使公司及人們改變的戲碼天天在上演，這也是為何第二層價值很重要的原因；它能讓你解決產品及服務的問題。

對於我們在此的目的，仍是我們所稱之的「從左邊進入」，第一層價值在最左邊，而第二層稍微偏右，即便這樣可能已經足以將你的低價值競爭者從檯面上趕走，我們還是想在更高的價值層級上執行我們的策略。

第三層級：成果

如果你做的是企業對企業（B2B）的行銷，你更有可能需要提升到第三層價值面上進行操作及銷售。在這個層級上你可以產生實實在在的商業結果，你賣的不只是產品，也並非服務或支援，而是你的產品或服務所能為客戶帶來的改善及增益，你賣的是最終產出。

也許你銷售的產品或服務可以幫助客戶提升收入，或者可以減少支出（我要特別講清楚，我說的不是降低你的服務價格或協助他們減少投資）。你甚至有圖表或試算表可以來告訴別人你為他們帶來的效益可以如何被量化，這比第一層或第二層產生的價值要高明得多了、也更具有競爭力。沒有什麼意外的話，在Ｂ２Ｂ行銷中，你真正的競爭會是在第三層價值上，幾乎你所有真正的競爭對手都在試圖創造出第三層價值。

現在來到最高層級的商品化價值，這代表當你秀出一張試算表來量化你創造的價值及收益的同時，你競爭對手也有一張試算表，但看起來比你的糟糕，同時客戶端採購部門也有試算表，可以把各個競爭者的價格都帶入表格，試算出誰的價格是最低價（或者少數情況中的少數，企業端試算的不是價格而是誰的方案總成本最低。但大部分的採購部門多半不知道價格跟成本*是兩回事，要不就是刻意裝作沒看到）。

當所有條件都一樣時，沒有孰好孰壞的比較，客戶當然可以用最低價格來做為選擇標準，也就沒有選擇改變的強烈理由。但如果你的產品明顯更好，卻還是不足以讓客戶轉向你，那我們必須開始改變價值層級。如果你提供的體驗、服務及支援還是無法讓客戶奔向你的懷抱，那就必須再往上走。最後你發現，如果大部分人都有辦法走到第三層價值面上競爭，結果就是我們所有人都被商品化，在極小差異化的紅海中浮沉。

這代表前述三種層級的價值，都還不足以讓你嶄露最獨特的一面，聽起來是有點可怕吧？你發現你無法仰賴你的產品去讓你專美於前，除非這產品好到你不用賣，它自己就自我銷售了，每天一大早開門就是一堆人排隊等著買，否則你的產品往往不足以讓人們改變。同理，無論你是在生意場上多麼好相處的人，你的服務和支援也不盡然能具差異化到讓你的客戶簡單大手一揮就轉而跟你合作，至少這個因素不管怎樣不會是最主要的因素。如果再走到幾乎每個人都可以在第三層價值競爭的局面，那麼檯面下的競爭便是強而有力的差異所在。

說到這裡，代表著只有一個契機可以找出真正的差異化，真正的競爭優勢，也是讓客戶起心動念作改變的唯一理由，這對大多數在紅海浮沉的我們來說有著重大意義。所以從現在開始，不論你喜不喜歡這個概念，你就是價值主張的最大信徒，就算要生存在紅海與人廝殺，你也會想要有最大的鰭和最尖利的牙齒，或者乾脆點變成一隻大白鯊。

＊　價格是你賣東西要跟別人收的錢，而真實的成本是在創造價值的過程中各種交換後所作的衡量，標出低價格，但其實代表的可能是高成本。舉例來說，你的低價，可能換得的是高失誤率、低產出率以及效率不彰帶來的額外成本。或者更實際的例子，你買了一雙二百九十九美元的鞋子可以讓你穿一整年才壞掉，但如果你買一雙三百九十九美元的鞋子可以保證你穿兩年才壞，那麼實際上花高價買鞋反而省下一年一百九十九美元，因為可以多穿一年。

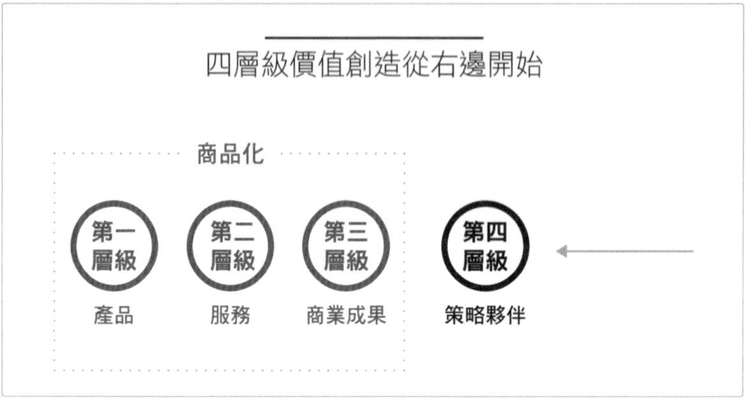

第四層級：策略夥伴

在《成交的藝術》一書中我寫道，要成為可信的諮詢顧問所需的唯一兩件事，就是信任與建議。要能提供良好的諮詢，先決條件是具備商業敏感度，或者相關經驗。

在價值的持續創造鏈當中，我們將第一層級的價值擺在最左邊，而最右邊的是第四層級，也就是策略夥伴。這也是當我們說「要從右邊開始進入對話」的意思，這表示我們從最高價值開始著手。

層級一至層級三給出的東西都不能算是所謂的建議。一個單一產品的特性及好處沒辦法讓客戶理解，是在破壞性變革不斷加速增加的世界中，產出一直不如預期的原因。單單只是令人感到貼心的服務與支援也沒辦法幫助客戶達成長期策略目標與結果。即便創造了有形的商業結果、即便對於客戶來說具關鍵重要性，還是沒辦法幫助客戶了解，應該如

第四層級創造價值

策略夥伴 **第四層級**

⊕
- 策略結果
- 預見和創造未來
- 整合
- 解決糾結商業問題
- 傑出服務與支持
- 好產品或服務

⊖
- 難以創造
- 難以維持

何面對未來那些連想都沒想過的各種潛在改變及決策。長遠的策略夥伴關係需要一個可信的建議者、可以提供良好諮商的人，這就需要創造第四層級價值才能達到。

第四層級代表你有商業敏感度及情境性知識（換句話說就是經驗），可讓你創造策略層級的價值。簡單說，你可以理解並對客戶解釋他們所經歷到的失調現象；你也有辦法分析客戶現正面臨的挑戰，以及為何要用盡所有力氣才能得到預期的產出；你甚至可以在客戶走到非不得已之前，就預先對客戶提出進行改變的原因剖析以及方法提案。這才是一個值得信任的顧問、建議者提出的「建議」。

擠掉一個對手需要策略價值加上關係

想要把競爭對手從你的目標客戶的合作名單中踢掉，你需要創造極具策略性的價值。這是一種提供競爭性優勢的價值，奠基於洞見和各種想法，以及你所用來協助指引客戶生意達到更好的未來目標的能力。它也需要你有能力去建立各種可能的關係與連結，讓公司內部需要進行必要變革的時候能夠進行順利。

我們的操作哲學是：假設所有條件皆相同，關係才是王道；而當所有條件都不相同時，關係還是王道。你的任務是藉由創造信任關係，以創造更高價值好讓所有條件變得不一樣，這種關係可以讓你提出的建議直達層峰，而且容易被採納，我接下來會好好解釋一番。

如果你的提案和競爭對手的不相上下，沒有任何實質差異存在，那麼跟業主擁有最好關係的一方當然獲勝。如果競爭對手的提案確實較好，但你跟業主有更好更深的關係，結果可能還是你勝出（因為人類並非理性的動物，而是會把各種事情合理化的動物）。所以當你在操作行銷時，你會想要營造出一種想要和你合作的偏好感，這代表創造更多策略結果，並建立深厚的合作關係。

你基本上已經可以省略任何告訴你「建立關係」不是有效行銷因素的各種意見。因為時至今

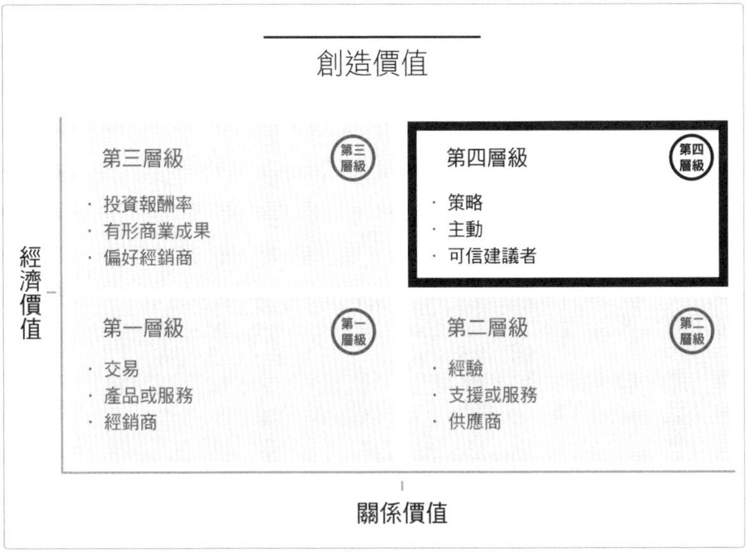

日，建立關係越來越重要，而且需要你更投入地用你的能力去創造更高價值。

在下一章節，我們會發展深刻見解及想法，讓你創造有價值的關係與連結。在此之前，我們需要在這裡打下一些基礎。

層級堆疊的價值

我不希望你看完本章之後就覺得不需要去創造出好產品，或者產品不重要。你的產品、服務和解決方案要能發揮效果還是非常重要的，如果做不到，那你永遠無法成為策略夥伴或者是一個可信的顧問。

想像一下擁有一項糟糕的產品卻有絕佳的服務，你有辦法賣產品，但這些產品卻沒有辦法發揮應有的水準，客戶就不可能跟你長久合作。也就是說，如果你的整體服務能夠創造更好的價值，那你的產品就不一定非得要鑽研到飛天，你的絕佳服務及支援便是一種附加價值。我經常造訪的星巴克都知道我的名字，還有我常點的飲料跟餐點，這就是它們塑造良好消費體驗的方法，而且其創造出的價值令人印象深刻。這也是他們比競爭對手所賣的咖啡有更高獲利的部分原因。但無論他們有多了解我，如果它們賣的咖啡超難喝，我一定會去別家消費。而如果咖啡很棒可是消費體驗爛透，我也會去別家消費（但也一定不是Tim Hortons，他們的咖啡對我來說太淡了）。

第三層級是經濟價值，它是客戶投資你的產品時所能得到的回收。你有成功的產品、服務和支援，而你的居中整合創造一種投資的必要回饋。第三層級包含前述的所有階層的價值，因為你一定會把產品及你個人經驗融合在你所提出來的解決方案之中。

在第四層級中，作為策略夥伴，你仍需要創造其他三種層級的價值，但在行銷對話中，從一開始的產品特色到顧及顧客體驗、再到創造經濟價值，之後再試圖加上策略價值的由左至右的作法，與一開始就從策略價值下手的從右至左，有相當程度的差異。如果你從第一層級進入並同時希望成長到第四層級，然後一路從討論你公司、你的產品，到你的特點、優點以及效益等等，你基本上就是在準備一場大型的產品發表會而已。從一開始便讓自己成為第四階價值提供者會更簡單且更有效，你不需要一層一層地重新定義你的角色以及你所能提供的產品或服務。商品化越強烈的結果就是，對方也越把你定義成一件商品來對待（基本上可以想成你找到一條通往採購部門的路，然後跟著其他商品一起被砍價、獲益被壓縮）。

執行競爭性替代策略從不是一件容易的事，需要你為不同利害關係人創造不同層級的價值。在後面章節中，我們會深入了解不同利害關係人，但現在你只需知道不同群體的利害關係人通常需要不同價值。

不同利害關係人需要不同層級的價值

你需要創造各種層級的價值，終端客戶所需要的是第一層級、終端客戶和再往上一層的利害關係人所需要的是第二層級、領導管理族群所需要的是第三層級，以及最上層的領導層峰所需要的是第四層級。

產品的終端使用者通常會要求產品要能運作良好，如果你販賣的產品本身運作不佳，那麼要說服客戶改用你的產品就絕對不是件容易的事。第一層價值非常重要，可創造合作的偏好，這代表終端使用者需要你銷售的產品，即便你的產品其跟客戶現有的差異不大。如果你沒辦法照顧好你的產品的終端使用者，你沒辦法創造一個更換夥伴的有力策略性理由。

另外，為另一種群體，你需要創造第二層價值，這其中的終端使用者會期望你是個一項合作愉快的好咖，對再上一層的利害關係人也是一樣，而這些客戶公司裡的利害關係人不一定會直接使用你的產品，而是間接受到影響，可能是處理你的發票或訂單的財會部門，或者需要你的解決方案好符合標準的資訊部門，也可能是需要合規於技術規範的可接受範圍之內的工程部門。這裡的重點在於，你需要成為「容易合作的好咖」，你需要有好的服務與支援，而且你需要在終端使用者外，也照顧到一樣有利害關係的公司其他部門。

管理團隊、採購部門及執行領導者們則需要讓他們在你的產品或服務上所做的投資可以有所回報，他們需要你創造第三層級的價值，而你需要能夠向他們展示他們投資你的產品能得到什麼，這也是現今多數行銷機構能創造的價值。

但第四層價值做的更多，第四層價值在第一時間就告訴客戶為什麼要有不同作法，提供強而有力的理由、未來的遠見，以及事業上的策略觀點。這個層級價值針對執行領導者進行服務，它是策略性的，也勝過低層級價值。

高度交易化或者高度連結化

價值層級的概念描述市場如何被拉往兩種不同方向，其中一端的觀念中，沒有創造真實價值的必要，被購買的商品便是真正的商品，價格被盡可能砍至最低點。公司透過高度交易化進行競爭，盡可能減少採購時的各種摩擦並降低成本。這是第一層級和第二層價值提供者的策略。更重要的一點是，當公司做出這個決定，這是一種策略性決定，高度交易不單單只是代表打折或是祭出價格優惠，這是公司一貫的競爭方式。

反向策略則是高度連結化，此為高度信任、高度價值及高度關切的交易方式。這種作法與高度交易化截然不同，將更高價值建基在提供結果、主動進行、親近顧客，並擁有深度知識與技術上。當決策變得複雜時，各種因素與路線選擇多不計數，價值之間的關係連結變得非常重要。這是第三層級及第四層級的策略，多數B2B行銷單位一直在創造第三層價值，解決客戶現有問題、創造實質商業成果，最終商品化到一個極限，進而創造機會、吸引需要第四層價值的客戶。第四層價值所具有的顛覆性，足以促使客戶進行改變。

如果你以高度交易策略行事，無論你是有意無意，你在客戶眼中就是個商品。但對於一些盲目低價取向的公司來說你確實會是個有吸引力的替代品，對他們來說你就是個製造商或供應商（這是你聽到客戶提起你時所說的最可怕的兩個詞），而非一個可信的顧問（這應該是你聽過最美妙的字眼）。

或者，如果你是高度關係化行事，你會吸引到想要更高成果的客戶。也就是說，對於強烈成長導向、試圖面對系統性問題及威脅的客戶來說，你是讓他們極感興趣的人。所以說，高度關係化是會讓你成為可信的顧問的重要關鍵。

業務員角色弱化

在本章結束之前，我們還是得提到一個問題，也就是，無法創造更高價值是業務員角色弱化的根本原因。如果你相信你的產品不用你也可以自我銷售的很順暢，那你就只是個訂單接受者，但是未來並不需要這種人；科技的進步已經開始排擠並且消除這種無法創造價值的業務員行為。現在每個人的手機可能都有某種應用程式，可以取代你購物時幫你服務的業務，即便你本身作為一位業務員，一樣可在無需業務員的情況下購物（只需手指輕輕一點，你回家就可發現有一大袋包裹堆在你家前廊，這也是我家的日常）。

如果你相信創造實質成果會讓你在銷售上成功，你可能想的是要專注在找尋機會，但做為一個業務員，同時努力成為一個有料的顧問，這些角色不只是等待、找尋機會，而是創造契機。

客戶沒有理由更換生意夥伴，除非有利可圖，如果你無法比客戶的現有夥伴創造出更高價值，那根本沒有改變的誘因，你必須要有足夠的視野跟高度為你的客戶提出企業前景，形塑出具吸引力的改變及更好未來的遠見，讓你成為一個企業願意花錢跟你合作的人，同時你也必須要成為知道如何把你的藍圖化為現實的人。

從這點向前延伸，你會從光譜的右邊開始，從更高層級、更具策略，且更完整的方法來創造價值，也是現今所必要的一環。

現在你了解第四層級的價值為何，我們可以繼續使用它來增加我們的大腦佔有率，下一步便是摒除你的對手。

現在就這麼做：

1. 列出你前五位目標客戶的五種聯繫方式，試想他們會認為你可以為他們創造何種層級的價值？（第一、二、三及四層級）
2. 寫下三種你對這些目標客戶所創造的價值，要再往上提升一個層級的可能作法。

欲下載本章所附工作表，請上www.eattheirlunch.training。

第二章　提升大腦佔有率

在本章中，我們要來建立一些觀念來讓你知道，你需要努力執行前一章提到的這些方法，我不會假裝這些很容易達成，或者只需要努力一次就可以搞定。

你需要不停地去思考，客戶到底需要認知到什麼樣的重要觀念以及形塑怎麼樣的思維，才能確保他們在未來可以成功面對挑戰，在顛覆變化極快速的世界中，你永遠都必須不斷地思考、不斷地調整自己。

爭奪大腦佔有率

在銷售中其中一項被低估的指標是荷包佔有率，這種比率說明客戶在你身上花費佔了他們總花費金額多少百分比，我從來不瞭解為何某些業務員或銷售機構花這麼多心力搶得新的生意契機，結果談到最後，客戶在它們的品項上只花費了總支出的一〇%。許多業務員在搶新客戶上耗費心力，但是對於已成案的舊客戶，卻幾乎就沒有再跟進，絲毫沒有想過要致力於改善現有成果並賺進他們更多的生意。

另一項指標更難量化，卻比荷包佔有率更重要，因為它是優先於荷包佔有率的。事實上，它是支配荷包佔有率的背後最大原因，而且對於你想要吃掉對手這個目標來說很重要。這項指標是主觀性的，而結果卻是有形的。這項指標是大腦佔有率。

大腦佔有率代表你佔據了未來客戶的部分想法，它也代表你運用了你在該領域的專業、藉由和客戶分享洞察及理念來形塑他們的想法。你也可以把大腦佔有率想成是客戶看待它們的生意、挑戰及契機的一種角度，而正是你提供某個特定的角度來形塑目標客戶的所見及看法，來試圖取代你的競爭對手已經灌輸客戶的思維。這是一個喧囂的世界，特別是在社群媒體，資訊又多又雜，有些人根本連球芽甘藍跟豆子都分不出來，但還是不停在沒有真實經驗或深刻見解的背景下分享資訊和想法（可能是可愛貓咪影片、個人政治觀點，或者日常的運動紀錄）。社群媒體是非常有力的工具，但對我們來說，只有當你想要做為塑造大腦佔有率的媒介時有用。

要摒除你的競爭對手，計畫的開端就是開發大腦佔有率，你透過改變目標客戶對生意的看法與角度，來說服客戶應該採取與現在不同的作為。仔細想想，我現在正在做的事情就是在你身上創造大腦佔有率：你剛讀完四種價值層級的章節，在和你分享此事的同時，我已經在你的大腦裡面種下一個概念，讓你覺得你為某些客戶創造太少的價值，然後你就開始認知到你目前接近客戶的方式要達到更好效果，還有一段不小的進步空間。也就是說，我提供你一種檢視自己的角度，讓你在與競爭對手搶客戶時，能更清晰、更明確的看法。

當你能夠傳達你獨特的想法給你的目標客戶，進而改變了他們對生意的看法，你在客戶心中的角色就成為了像導師般的存在，因為你了解正在發生的各種變化，你了解這些變化對客戶的意義，以及對此該如何因應。所以回過頭來，你必須創造這樣的聲譽，成為一個可以創造高關聯性價值的人，也就是說在你創造經濟價值及策略價值的同時，你也成為目標客戶想要納入團隊裡的人。

要創造出與你的競爭對手有差異之價值，始於商業敏感度和情境知識。你需要發展出一套線性思維，讓你能夠抓到趨勢，預見未來導致客戶做出改變的過程發展，而且你必須在客戶遭遇到真正的負面事件之前，或甚至是失去機會前，協助它們做出改變的決定。

你如何發展這種想法，並得出有價值的見解？從報紙開始，不論紙本或數位，你需要即時取得經濟、政治、法律、科技、科學或文化趨勢的新聞，因為這些都會在某方面影響你的客戶，你可以從這些大量資訊中提煉你的洞見，提煉出能夠影響你目標客戶的洞見。商業雜誌和期刊，或者是業界及客戶產業相關的出版品也都一樣對你有幫助。

你也可以收看或收聽如全國廣播公司商業頻道（CNBC）的商業分析節目，看看這些商場領導者及分析師討論產業狀況及其策略與結果，這些執行長們對於營運及策略的想法絕對可以讓你收穫滿滿。我講一個我最喜歡的故事，網飛執行長里德·哈斯廷斯（Reed Hastings）在某次專訪中提到公司剛剛開始獲得國際關注。訪談中記者針對網飛的商業模式提出質疑，認為他的DVD郵寄租賃事業可能會拖累公司，敵不過其他線上串流業者，哈斯廷斯表示他了解這個事實，但也馬上回敬說「這也是為什麼我們的公司叫做網飛，而不叫郵寄DVD」。事後再來看這段專訪，說明了哈斯廷斯對於科技及娛樂的未來走向看法大幅超前絕大多數的人。

不過，應該先從各種書面紙本資料開始著手，而非電視或廣播，因為之後你可能會想要整理收集這些文章來證明你的見解。當你在紙本資料中發現重要的趨勢與理念，把它整理成自己的一套資料庫，對於將來幫助目標客戶形塑想法很有幫助。

我想要再清楚說明一下你可以從自我見解的發展得到甚麼益處，如果你想要成為可信建議者，你的責任是發展出提供建議的能力。沒有人能替你達成，如果你想要教育客戶、幫客戶建立想法，如果你的目標是客戶更換它們現有的夥伴時，你一定要先自我教育、建立自我的想法，這絕對是亙古不變的真理之一。

不和諧與現狀

客戶對於理解其所在的商業環境往往感到困難，也不容易確知為何再也沒辦法達到所需成果，但是他們一定都迫切希望可以「回歸正軌」，回到那個一切作為都還能達到預期成果的時光。即便他們目前都還處於相對好的狀態，你還是可以顯現你的價值，藉由協助它們預期並準備面對即將到來的挑戰，好改善或延長其現有表現。多半時候你遇到的客戶都是想法根深蒂固、難以脫離現狀。當挑戰出現時，他們傾向於訴諸治標不治本的方法跟小技巧，但對於他們真正應該進行的重要變革卻一拖再拖。我們知道改變很可怕，但更可怕的是沒有信心去認真面對真正需要的改變，以及改變的作法。

過去成功的銷售，表示你的客戶已經和過去成功時的狀態不一樣了，在過去，他們比現在更了解這個世界，也更清楚甚麼需要改變且應採取的行動，光是這幾點便足以讓他們為自己創造機會。公司內部各項新事物的到位可能也更容易，因為實際參與決策的人其實並不多。

到了現今，當這個世界對你的客戶來說越來越難以理解且更充滿不確定性，整個產業的世界觀幾乎打掉重練，業界的年輕後進以創新商業模式，開始摧毀逐漸衰老的老公司，能夠使用的資源越來越少、改善財務結果的壓力越來越大。同時，客戶公司組織結構也更加複雜，更多人參與檢視公司的財務表現，因為我們現在所在的世界，顛覆性變革持續不斷增加，我們越來越無法確定到底該做些什麼事，一些關鍵問題及解決方案要釐清跟取得共識也更具挑戰性。

這裡簡單列出一些不確定性的因素。

- 網路、物聯網及隨處可見的手持裝置所帶來的科技變革，已重新形塑產業狀況、商業模型及顧客期望。
- 全球化帶來更大競爭、更低薪資、獲利的下行壓力，也形成追求更佳財務成果的動力。
- 西方民粹主義運動者重新形塑穩定國家的政治情況。
- 新興科技使得整體產業的中介角色弱化。
- 政府支出上升，人口老化所帶來的各種支出及其健康照護的花費，在在創造公司的更大稅賦負擔。

想想這些事情帶給你生活中的影響，你可能會在手機App上預約飛機航班、或搭優步去上班（或者電動車）、開車去星巴克拿你已經在App上事先點好的咖啡、用iPad閱讀新聞，或在某次差旅中住Airbnb，你的公司也可能有在家上班的政策，要求所有溝通都在像Slack或Microsoft

Teams這樣的App上即時完成，而非透過一般電子郵件，並且用網路視訊會議的方式開會。如果年齡對的話，你有很大的機會可以透過網路認識你的另一半。正如退役陸軍上將艾力新關（Eric Shinseki）所說，「就算你不喜歡改變，你會更不想要變得無足輕重」。

這些種種改變來得太快以及你越來越無法對於未來做明確預測，就是你客戶體驗不和諧的主因，他們遭遇到的現實正在衝撞他們能夠理解的想法。

我們再說到可信建議者，一個可信建議者的出現能讓客戶對這世界的一切感到更有頭緒，因為這個人了解能夠成功推動客戶業務的因素，並對事實有所掌控。他可以更清楚的看見未來，並知道現在應該做的事、如何完成且如何協助進行必要改變。這一切從能夠解讀不和諧的能力開始，讓不明確的事變得明確，對於需要採取的決策和行動有著直截了當的自信。

所以你一定要想辦法讓自己成為這樣的人、在客戶心中得到這個頭銜，有兩個主要原因，第一個原因，如果資訊對等時，當客戶對於你賣的「產品」，也就是他們應採取的行動，了解的程度和你一樣甚至比你多時，你的存在就沒有必要了。回到信任與建議，如果我不需要你的建議或仰賴你在某個領域替我設想，那麼我就不會需要你來提供我有可信度的建議，這種狀況下你對我來說就是多餘，更糟的情況是，跟你花個時間做個最簡單的「低階交談」都會讓我覺得你在浪費我時間（低階交談就是當對方無法幫我創造真正價值時，時間最短的那種談話）。

第二個原因同樣非常重要，如果你的競爭對手得到的資訊量跟你一樣，而且對於需要幫助客戶從何處推動改變的認知跟你相同，他們可能早已帶著客戶邁向更好未來。但如果他們已經知道客戶應有的作為，但仍然無法說服他們執行必要變革，那我可以說你的競爭對手們沒有得到其需要的大腦佔有率，即便有得到，也是遠遠不足。

中文「危機」這個詞由兩個字組成，一個代表危險，而另一個則可解釋成機會，在破壞、變化不斷增加的世界裡，你的角色就是在協助你的目標客戶避免危險的同時找到機會、抓住機會。

超級趨勢的影響

有些大型、全球性的趨勢也可解釋你客戶所經歷的不和諧現象，有些是結構的轉變，如人口的改變、科技的改變、政治經濟變革等，這些超級趨勢給了我們契機與挑戰，而這兩項則導致重大變革。

當我們在引導創造改變時，我們尋求超級趨勢的理由是由於，它們在用來詮釋客戶經歷的不和諧時，具有絕對的參考價值。關於超級趨勢的各項事實早已被記錄、研究並經過驗證，幾乎無法忽視、難以爭辯，所以我們可以直接跳過「現在正在發生什麼狀況」的問題，直接來到「這代表什麼意義」的討論，當你要以一個可信度高的建議者姿態出現在客戶面前，開啟商業對話、試圖擠掉你的對手，這是你要能夠有的對話。

讓我們以現有的一個超級趨勢來舉例說明，在寫這本書的同時，也就是二〇一七年底，美國每天有一萬一千名嬰兒潮世代的人退休，每年總共有四百三十萬人，這代表他們的工作遺缺需要有人填補，也代表這些人開始適用政府補助的健康照護與社會安全保險，其中許多人的收入大幅減少，這些都是鐵打的事實。事實固然有用，但是單就事實無法告訴我其代表的意義為何，我需要見解、我需要洞見、我需要知道這會如何影響我的業務營運。

當在一年內有四百三十萬人準備退休，你會需要制定一個策略來找到對的人來取代這些退休員工，所謂對的人也就是想要也需要這些工作的人。首先，要讓就業率維持不變，每個月平均需要找足三十五萬八千人來填滿這些工作空缺，要達到這個數字還要先預設年輕世代的就業族群都具有這些工作必要的技能，也確實想要這些工作。但更年輕的世代可能就不一定願意去做特定工作，更偏好所謂的零工經濟，成為自由職業者而不是卡在辦公室隔間裡。這也代表你需要的員工不一定跟你有相近的價值觀，他們可能更偏好在不同的環境中工作（例如可以讓年輕人可以有更多元服儀規定的工作環境，或許是可以蓄著像伐木工人的絡腮鬍，或者像黑澤明武士電影中的男性紮髮髮型）。所以這裡的問題是，「你的人才招募策略，在面對大型世代勞動力移轉時，要怎麼應對？」

越來越多嬰兒潮世代的人退休，人均壽命越來越長（也是另一個無法爭辯的事實），政府對於健康照護的挹注必定會隨著上升。這代表政府的支出越多，對於企業的各種要求也一定會越來越多，開門做生意的成本也就逐漸上升，所以這段的問題是，「對於必定節節上升的成本，你該如何因應？」

請注意我在前面兩個段落留下的這兩道問題，它們都沒有簡單答案，可能由許多不同的決策去構成答案。同時，產業不同、定位不同、策略不同以及資源差異等因素，會產出各種大相逕庭的答案。我們問這些問題的原因，是好讓我們解釋現階段不和諧的現象（為何要找到我們需要的人會這麼難），同時也是引導客戶好好的檢視一下自己。

我們也同時是在建立一個讓我們可以運用我們的想法、商業敏感度及情境知識的對談機會，我們可以基於我們的觀點或經驗提供建議。針對填補人力需求的問題，也許正確答案是用科技自動化取代某些人力工作，也可能是把部分業務外包給專門的公司，徹底減少自己公司的人力空缺，也可以是創造新價值來符合你所需要的人力及能力。又或者，正確的答案是上述選項的綜合也說不定。

而對於來自政府及稅賦而造成成本上升的挑戰，答案可能是提高價格以配合這些成本，或者是減少其他內部成本以確保獲利平穩。它可能需要你完全改變定價，使用某種成本加成模型，其中是你以企業營運成本做為基礎來定價，讓價格波動轉嫁由客戶承擔，以確保你的事業持續獲利。同樣的，在不同時間、對於不同企業，你可以推敲出很多不同的答案，所以你要如何證明你有提供建議的能力？要怎麼知道應該提供何種建議？

有兩種因子可證明你擁有所需專業來提供良好建議，第一種是你能掌控事實與其代表的意義，這也是目前為止我們在本章所一直討論的大腦佔有率。決定應提供何種建議就很複雜了，要依靠第二種因子——你的情境知識，也就是你對於各種不同決策及其帶來結果的了解的經驗累積，跟大腦佔有率一樣重要。所以你提供的建議需要建基於你的知識和經驗，以及你對客戶各階段狀況的了解。值得注意的是，你可以藉由和你公司中所有協助客戶產出更好結果的同事交流知識及經驗來大幅提升自己的功力。

再講一次重點，你能提供給客戶的專業知識與建議讓你成為可信建議者，並讓你能夠建立大腦佔有率。

科技、政治、經濟、科學及文化趨勢

接下來要說的也許是告訴你如何提升大腦佔有率的最好範例。為達此事，我們來探討一些產業相關趨勢及其所代表的意義，可以做為幫助你發展談話思路的模型。而能夠掌握這些趨勢的證據及其他旁枝末節的軼事，更可以幫助你創造並證明推動改變的需求度。

範例一：銷售財務服務

我們接下來要討論，假設你要作財務服務行銷，而你計畫由第四層價值進入對話，你該怎麼做。首先我們要先看趨勢，這些趨勢隱含了什麼，以及我們能從這其中得到什麼見解、找到什麼樣的價值，來說服客戶做出改變。

趨勢：

- 人類預期壽命可望增加。
  - ■ 美國女性預期壽命為八十三點三歲，而男性則是七十九點三歲。
- 通貨膨脹率預期會上升。
  - ■ 通貨膨脹去年已從一點六上升至二點二個百分比，且未來趨勢仍上揚。
- 健康照護支出增加。
  - ■ 一九六〇年，健康照護支出為二百七十二億美元，換算為百分之五的ＧＤＰ，人均負擔一百四十六美元。

- ■二〇一六年，健康照護支出為三點三兆美元，換算為百分之十七點九的GDP，人均負擔一萬零三百四十八美元。
- ●個人存款率下降。
- ■一九六〇年，個人存款率為百分之十點六。
- ■二〇一八年，個人存款率降為百分之三點四。
- ●政府對於健康照護的支出在二〇二五年會達到五點七兆美元，且以超過GDP的成長速度在增加中。
- ■政府對於健康照護的支出在二〇〇八年至二〇一六年平均成長率為百分之四點二。

預期壽命延長主要是科技發展帶來的成果（其中很大原因為抽菸人口減少），通貨膨脹則是一種經濟趨勢，而健康照護成本是由經濟趨勢、政府及政治因素所帶動，存款率是一種文化趨勢，而存款率下滑可能是因經濟大蕭條及第二次世界大戰時期出生的人沒有經歷過那麼痛苦的事件所造成的心態。以前的人，經歷過蕭條或戰爭的世代，存很多錢是為避免另一次災難發生，越後面的世代就不一定能夠理解這樣的恐懼感。

所有這些趨勢都是事實，組合起來就是為何你的客戶需要即刻進行改變的情境，但要協助客戶認知到需要改變，你需要對於這些事實有一套自己的觀點，並對客戶要如何處理這些問題能提出強而有力的意見，要能分析出維持現狀代表的意涵或可能的負面後果，以及主動對這些趨勢採取行動有什麼樣正面的結果。

你可能可以把這些趨勢整理成投影片跟客戶報告：「我們整理出來五種趨勢，我們的壽命越來越長、通貨膨脹一直成長、健康照護成本不斷增加，而個人存款率來到最低點，且政府支出不斷增加，這五種趨勢導致我們的客戶進行改變並依照我們所建議的決策去執行。」

其中的意涵：

- 你會活得比你想得更久。
- 通貨膨脹會導致你的存款在未來價值更少。
- 健康照護成本的增加，代表未來你會花更多錢在這塊領域上。
- 大多數人的存款不足以支應通貨膨脹或一直增加的健康照護支出。
- 政府在健康照護的支出會增加，但也會迫使減少保險金額或要求受益人負擔更多自付額。

你可以藉由研究這些意涵，將這些事實編織在你的情境中：「我們會活得比我們想得更久，而我們的存款會受到通貨膨脹的負面影響而貶值，未來我們會需要更多錢在健康照護上，我們不能全靠政府救濟，政府和我們一樣有財政困難。」

就這點我們回到成為建議的部分，你分享了客戶的世界正在所發生的事，也解釋了其意義，而現在你需要分享的是，你認為客戶現在需要做的事情。

建議：

- 你會需要儲存或投資比你想像中還要更大一筆錢。
- 你會需要正確的理財工具來幫助你達成你的目標。
- 你會需要比過去更常進行調整。

你如何提建議的方法至關重大，你需要促使客戶進行改變，但你不想要做得太過火造成客戶反感，你可以說：「我們有滿多建議的做法，包含多提高一點儲蓄或投資、選擇更好的理財工具以保護投資不受通貨膨脹影響，以及進行更頻繁的規劃調整。」

這些基本上是很萬用的建議，用一些合理的假設，針對客戶所面對已知或未知的常見問題，提供你的看法。然而，你給予的建議可能對不同客戶有不同說法。

以前你可能以第一層價值的業務員身分出現，向客戶展示你的投資提議並描述其特色和收益，你可能會講很多公司沿革或公司成立時間有多長，以證明你的可信度且試圖證明自己值得合作。你甚至可能完成簡單分析，告訴你的客戶他們還沒有準備好面對未來的挑戰。如果這是你的方法，大概也可以解釋為何你甩不掉競爭對手，因為你的交易不在價值，你也沒有協助他們了解為何它們需要改變，沒有大腦佔有率，當然也促使不了改變的發生。

在這個範例中，你以第四層價值出現，你藉由討論策略結果而非描述公司、產品及服務的八股說詞來進入對話。藉由討論客戶世界的現實及必要改變，你很自然地將對話引導至解決方案，「對此該做甚麼以及如何做？」

範例二：銷售技巧

這個例子，我們探討趨勢導致人們為了改變而購買科技，可以想像一下軟體即服務公司（Software as a Service, SaaS），或者販賣企業資源規劃（ERP）的公司：

趨勢：

- 雲端運算減少營運問題並減少成本。

  - ■公司減少非核心能力資源，包含伺服器運作，並以依營運需求縮減軟體。
  - ■它們同時也追求產出速度。
- •更多人在家工作。
  - ■在二〇一六年，四五％的員工提到他們有時在家工作。
- •科技進步經歷爆炸性成長，而消費者適應新科技的速度越來越快。
  - ■科技進步讓公司能提供客戶更好服務。
- •消費者對提供其商品及服務的公司有更高期待。
  - ■消費者期望更好的需求回應、客製化服務以及更容易取得他們要的資訊。
  - ■他們對於能回應其需求的公司給予獎勵，對於做不到的公司則會立即性的給予懲罰。

這些趨勢具科技及文化性質，我們可以很容易地用一些項目的比較，如更新公司自行安裝在內置伺服器的軟體所要耗費的時間與挑戰、人工智慧整合、機器學習、處理能力或者雇用專業技術員工的成本，來讓客戶知道非核心能力與資源由公司內部自己處理以及外包方式處理的差異。

開啟對話時你可以說：「我們相信以下這四種趨勢在接下來一年半到兩年期間，會對你的事業造成極大的影響，一、公司逐漸能透過雲端運算，以及因而提高的成本節約後預算空間，將非核心能力外包出去；二、民眾適應並使用新科技的速度增加；三、能夠獲得成功關鍵的應有勞動力；四、要時時滿足顧客的新期望。」

意涵：

- 對非核心能力投入時間與心力的公司會耗費更多時間與成本，將其外包出去，能更快獲利且更少支出。
- 越來越多人在家工作，所以需要使用新科技讓他們可以在辦公室外（很有可能根本連實體辦公室都沒有）取得資源、溝通合作。
- 員工及顧客皆期望公司能提供與公司互動的科技。
- 顧客期望能夠和合作生意的公司有多重溝通聯繫管道，並且對於回應緩慢的公司無法容忍。

你和你客戶的對話可能像這樣：「將非核心能力外包的公司，能將剩下來的預算投資在核心能力上，並創造競爭性優勢。」這樣講就可能把你原本的產品介紹內容，塑造為策略優勢說明。

有了這個對話，我們可以分享自己的觀點和價值，同時提供客戶建議。

建議：

- 採用雲端、軟體即服務的解決方案，減少資訊科技資源的昂貴支出，同時提供客戶與員工更新更好的體驗，省下的花費則用以投入核心能力發展以提供客戶或顧客更高價值。
- 提供必要工具讓遠距工作的員工可以有效進行連結及合作，同時提供其如同在辦公室或甚至優於進辦公室上班的體驗。
- 因為顧客要求可以直接取得他們的資料、獲得報告，及尋求支援和變更的能力，所以提供顧客多重支援及客戶溝通管道，達到更好服務。

你接下來說的話應該一樣帶有策略性：「我們相信你應縮減非核心技術以減少花費，並將節省的金額投入在取得新客戶上面。」我希望你留意這裡提供的這個建議：無論你眼前的目標客戶最終選擇你或其他人，這個建議都應該是正確無誤、應該被執行的，這是你對於客戶應該怎麼做的觀點。但是藉由教育你的客戶了解他們的現實世界，並提供改善營運的意見，你可以建立信任，並給他們一個為何要和你合夥的充分理由。

這是第四層價值的方法，我們從這世界上發生的事實開始，向客戶分享其意涵，然後分享我們的看法與觀點，及我們認為正確的抉擇為何。為了讓這些例子能夠有所用處，我選擇了較廣泛的趨勢來說這兩個故事，好讓你可以得到銷售的技巧概念，讓你取得競爭性優勢。

這和我們的目標，把你的競爭對手從客戶身邊擠掉有何關聯？當你以第一、二、三層價值出現時，他們已經提供同樣的產品或服務，也許處處不如你，但也可能可以達成一定程度的不錯成果，你的競爭對手或許提供了良好往來體驗，又或者客戶已經習慣了妥協了他們的缺點。這種狀況下，對於客戶少數利害關係人來說，在生意上易於往來可能足以吸引他們做出改變，但對於更高層級的主管，你必須能夠達到相同地不錯的成果（但其實你知道這個不錯還不夠好，而且維持現狀不變可能會讓你客戶處於面臨更大的危機）。

開發主題

沒有了解趨勢如何影響客戶產業營運，且缺乏如何回應這些趨勢的想法，你是無法以第四層價值進行銷售。你必須要知道你的價值是你的深刻見解，以及透過你的想法和經驗來引導客戶的能力。

想像兩種業務員，其一有上述的談話思路，而另一位則沒有這種能力。第一位業務員對於所發生的事有詮釋的能力，解釋為何事情變得越來越困難，以及如何因應，這種業務員以這樣的思路開啟話題而不是從他們的解決方案方式，第二種業務員沒辦法這樣做，他只能分享產品資訊，但提供的細節卻可能比公司網站上還少（這種對話可能無法撐過幾分鐘）。

第一種業務員的方法，可以讓你從第四層價值進入對談，並將你定位成推動改變的可信建議者。這讓你有機會提出策略性建議，並向客戶解說透過你的產品、服務及解決方法所可以得到的預期產出。如果你的產品、服務及解決方案與競爭對手雷同，但是摒除競爭對手無法讓你得到更好結果，那這就不是你應該努力的方向，你應該要追求更高一層的價值。因為當你的產品、服務及解決方案是符合客戶策略需求時，才有辦法讓客戶對你感到興趣，這也是為何其可創造替代契機。你現在要從側翼對付你的競爭對手，將一種新的角度推至其客戶面前，把自己塑造成可帶領其前進的人，從現在開始你的競爭對手就處於守勢了，同時也背負所謂「現任的詛咒」的重擔，因為他們和客戶已經合作一段時間，不再討論自身的策略優勢，當你一再展現自身策略優勢時，反而顯得他們沒有這項優點，何況客戶在合作過後，往往認為已經看過夥伴最好的能力、全部的底牌。事實上，你的競爭對手也可能真的只有這些能耐而已。

最後，你需要一個統整的主題來呈現想法給客戶看，你需要一套說法、一個龐大概念可描述已經發生或正在發生的改變。這個主題是讓你用來架構你的見解、理念和大哉問。

如果必須找出我目前所有著作中的一個共同主題，我可能會把它們全部綁在「成為破壞及變革不斷增加的世界中的一個可信建議者」的主題上，你可能研究圍繞在嬰兒潮世代上的退休趨勢，並發展一個稱作「淨社會安全支出的逐漸增加及其對小型企業的影響」的主題。或者用這章節使用的兩種例子，主題可能是「在人生的下半場確保生活品質不輟」或者「調節投資好達到更多策略成果」。你想要的是某種大範圍的主題，好抓住趨勢及其影響，這是你整理出來的觀點，也是你如何捕獲大腦佔有率的方法。

可以創造改變情況的人會是客戶想成為夥伴的人，這是我們說的大腦佔有率，而你只有在資訊不對等、知道客戶所不知道的事時，才有辦法發展出來。

現在就這麼做：

1. 找出造成客戶現在或未來進行改變的四種或五種趨勢。
2. 寫下這些趨勢會需要客戶好好思考的諸多問題。
3. 列出客戶目前面對產業或市場的變化時，應該要進行的改變。

欲下載本章所附工作表，請上www.eattheirlunch.training。

第三章 透過培育活動及卓越計畫來創造開端

要發展可讓你創造機會摒除競爭對手的關係，你需要一段很長的時間來計畫培養，你也需要一套策略來讓自己成為可以創造不同層級價值的人。你需要時常安排與客戶的正式會面，透過這個場合來分享想法給他們。

在本章中，我們會依時間發展培養目標客戶的計劃，藉由不同訊息、節奏及媒介，讓你持續做為一個可以製造差異的人。你追求的計畫會讓你有所不同，知道甚麼需要改變、為何需要改變以及如何做出這些改變。當你的競爭對手對於現況感到自滿、很有自信不會損失客戶時，你已經把自己定位成客戶的下一位夥伴。當你的競爭對手把一切事情當作理所當然的日常慣例時，你則是為了提升大腦佔有率而投入繁重的工作，創造一個讓客戶可以得到更好成果的機會。

如何向目標客戶介紹自己

你如何和目標客戶開啟對話是一件非常重要的事，你的身分角色很重要，從最一開始你就必須要以一個可信建議者的姿態開啟對話，或作為專家、或作為領域權威，這代表你一定要說一些客戶認為值得花時間了解的事情，你不能以一種自我導向的方式進入對話，而舊方法也沒有用處，因為無法幫你達成需要的結果。

你可以試試看用一個非常傳統的方式來要求會面，它仍然有點用，但不一定對你的目標有正面益處。

「嗨！我是安東尼．伊安納里諾，來自零件製造商XYZ公司，我們算是零件製造產業的前幾大公司之一，我想要約個時間過去拜訪一下，跟你交換名片自我介紹一下、做個我這邊的公司簡介，也順道了解一下貴公司狀況，請問星期二下午一點方便嗎？或者星期三上午十點會更好嗎？」

這裡有很多可以細細解讀的內容。首先，這段話主要介紹你自己或你的服務，給出來的訊息是，這次見面的主體是你，聽起來像是那種平常最討厭的業務拜訪，就是來幾個業務秀一些公司沿革、營運地點、領導團隊及所有合作過的知名公司品牌標誌等等的陳腐投影片，然後在產品開始之前丟一些問題出來。

其次，也是在傷口上撒鹽的一點是，你在敲定會議時間的時候用了四、五十年前的過時技巧，這種自我取向及自作聰明的態度容易讓客戶反感，給對方兩個時間選擇的這個方法叫做「方案選擇」，因為它本意在於兩個選項都代表著要與你碰面，沒有拒絕的選項，有點強迫中獎的味道，即便有時候確實是有效的，但你一定有更好的做法。讓我們來看一下你應該怎麼正確自我介紹，並由更高層級價值進入對話，讓你可以塑造自己成為具備想法及洞見、協助客戶產出更好結果的人。

「早安，我是安東尼．伊安納里諾，來自零件製造商XYZ公司，我今天電訪是想請教你可否安排一個二十分鐘的會面，我們這邊有一份四種趨勢的簡報，分析未來一年半到兩年內，這四種趨勢會對製造商產生怎麼樣的重大影響，我想跟您分享一下簡報內容，以及我們對現有客戶問題的解答，好讓你可以和高階主管團隊參考，請問我們約星期四進行二十分鐘的簡報方便嗎？」

這是一種開啟對話的不同方式，我直接告訴客戶我知道四種最大趨勢的這個事實，以及我了解它們如何影響我目標客戶的營運。也說明了我知道這些趨勢帶來的挑戰會產生什麼問題及其答案。甚至我也表示願意分享這些問答集給我的目標客戶，讓她可以和她的管理團隊討論，也就是說，如果她想要的話，是可以在沒有我的情況下開始進行決策流程。最重要的是，我要求二十分鐘的會面，但我提供了遠超過這二十分鐘對應的價值，他們以二十分鐘的會面換得了可改變產出結果的深刻見解。你也注意到，我沒有提起要討論任何關於我自己、我的公司或產品的事，因為如果這樣做，就變成是從第一層級開始。如果你想要站穩第四層價值，上面的對話方式是你可以學習運用的方法。

你會被拒絕

用這個方法提出見面請求就代表你永遠不會被拒絕嗎？當然不是。時間是最簡單、有限、而不可再生的資源，你的客戶一定會好好盯住他們的時間，所以你要好好利用你約定的會議時間，即便結束後得到的是拒絕，你還是已經做到了你目標設定的自我介紹，做為一個知道什麼需要改變、為何要改變及如何改變的人一樣地進行自我介紹。藉由利用上一章所提到的超級趨勢的方法，你已經預備好從第四層價值開始出發。

更重要的一點是，當你的目標客戶已經有了合作夥伴，我們也不是計畫就這樣打通電話、走進會議室簡報，然後就想要搶走競爭對手的生意，這不是一個非常周全的計畫，也不太可能會成功。即便我們成功了第一步、敲到初次的會議，競爭型替代需要我們打持久戰，長期專業地、有條理地與客戶建立關係並尋求契機。

在此最重要的一點是，首次會面讓你的目標客戶聽見你的聲音，你把自己塑造成可以幫助它們了解為何自身現狀如此蹩腳、可以協助他們創造更好前景的人。

要開啟你與客戶的對話，最好不要透過電子郵件，電子郵件是低階價值業務員的發聲工具，他們錯誤地相信電子郵件是與未來客戶熱線通話前的熱身，但事實上完全不是。沒有任何一個未來客戶的聯絡窗口看到電子郵件會覺得：「這位業務真貼心寄電子郵件給我，我會記住他是誰，希望他會很快就會撥電話過來！」電子郵件不是讓你拿來跟客戶要求見面，是你用來跟進處理來電或語音留言的工具，用來分享你想法背後的價值，並讓對方知道你很快會再嘗試跟他聯絡。回電是你的責任，並非顛倒過來成為客戶的責任。

建立一個改變理由

在建立改變的充分理由及開始摒除對手的過程中有四種內容，這四種不同類型的內容可協助塑造你的大腦佔有率並創造契機。

為何改變

你掌握到的趨勢，可能有四種會大大改變你目標客戶的現狀，所以需要有所作為，以便從現在開始到未來能取得成功；也可能是六種趨勢，或者只是三種非常大而糟糕的趨勢，可能會對其生意造成損害（這裡的傷害可能是代表失去生意機會）。數量多少都不重要，只要能協助你進行改變的才重要。

讓我們繼續用我在第二章用過的趨勢，也是關於美國每天有一萬一千名嬰兒潮世代的就業人口退休的例子，你如何使用這種趨勢來建議客戶做出改變？

首先，我們透過一組複雜且難以回答的問題，來看看何為需要執行的真正改變。

- 以人才庫不斷減少的情況下，你的人才募集策略是什麼？
- 你會如何創造員工價值主張，來吸引你所需要的人才？
- 你的價值主張如何應用在有著不同期待、即將進入勞動市場的年輕世代？
- 你如何試圖填補嬰兒潮世代退休後所造成之技術及經驗斷層？

現在我們將問題轉換成「為何現在需要改變」的陳述。

- 人才庫不斷萎縮，想要在未來成功達到營運目標的公司需要在人才網羅上更具有競爭力，才能得到所需員工，尤其是專業技術職及領導管理職。
- 多數受聘者想要的條件都與公司所能提供之員工價值主張有出入。
- 年輕世代想要在工作內容彈性，且具有目標及意義的公司就職。
- 特殊技能人才供不應求，且部分職缺也缺乏有經驗者來承擔責任。

這是你如何開始利用想法及見解創造改變的過程，也是你如何將本書第一章和第二章給你的觀念付諸行動。

首先，你開始突顯你和客戶現有供應商之間的價值差異並且創造大腦佔有率。如果你的競爭對手已經專注在這些趨勢與理念上，並知道它們應該促成改變，那他們大概早已經開始協助客戶解決問題。如果你的對手跟客戶分享了想法見解但客戶不做改變，那他們的合作關係可能有一些狀況，造成建議的可信度不夠或直接被拒絕。又如果你的競爭對手了解這些事實，但卻無法整理出應該改變的充分理由，那他們其實是自己打開了被替代的開端。

你和目標客戶分享的內容應說明它們需要改變的理由，也需解釋它們所經歷的不和諧現象，讓他們知道正在改變的事實是什麼、為什麼先前的作為已不再起作用，或者在不久的將來會失去作用。

藉由將自己塑造成知道改變的脈絡、其對客戶的意義、哪方面需要改變及如何改變的人，你將自己定位成創造契機的人。

所以我們談到，現今對於業務員及銷售機構的條件有著重大改變。過去，你可以直接假設客戶是不滿意的，而你只需要搧風點火、誘使他們的不滿意度更加上升而創造契機。現在，你的責任是主動創造改變的理由，而非等待事件發生，讓客戶自己來找你求助。在商業關係上，等待及被動回應所能創造的價值層級是低的，如果你的目標客戶維持現狀太久、落後太多以致造成損害，你是無法成為可信建議者的，因為一個可信建議者會在目標客戶受到傷害前便有所作為。

當你在提出「為何現在改變」的訊息時，一定會遭遇一些挑戰，因為你作為一位業務員，話說到最後，無非是想向客戶兜售產品。如果你也認同這樣的挑戰，這代表你也知道客戶總是會帶著某種程度的懷疑心理，而這是你必須加以處理的。

提供證據

如果是從我口中告訴你，每年有四百三十萬嬰兒潮世代的人退休，或者每天有一萬一千人退休，你不一定會相信我，但當勞動統計局說它是真的，它就是真的。當華爾街日報或紐約時報加以報導，它就是個事實。一個可信第三人、一般民眾或公司分享這些資訊時，他們不會因此得到什麼，但卻能馬上使其成為大家相信的事實；所以當你分享這些資訊的同時，你的職責更是要反覆驗證真偽，而且如果你想要成為可靠資訊來源，你需要標明你的資料出處，盜用他人的心血讓你成為一個剽竊者，但正確援引其他人的心血則讓你成為有學問的人以及思想領導者，你絕對會想要成為後者。

你可以使用無數個第三方來源來提供證據佐證你的說法，可能是政府數據，來源如勞動統計局、普查資訊，或其他各種政府經濟報告。對於法規變動及其對產業的影響你也可以使用第三方資訊。佛瑞斯特（Forrester），顧能（Gartner）及蓋洛普（Gallup）等研究機構對趨勢及其影響出具各種研究報告，其高信賴度的資訊也可作為你的證據。報章雜誌也可做為證據，證明你所描述的超級趨勢為真實的且即將影響客戶的營運。

你在這裡想要尋找的是各種可以驗證你所表達「為何現在改變」的趨勢的文章和報導。當你可以把想法跟證據層層堆疊，趨勢的真實度會隨之上升，進而帶來真正的威脅，同時創造真正的機會，所以務必使用良好和確鑿的證據來支持你的論點。

事實和數字

能用精準到位的視覺表示來呈現枯燥的資料，效果一定優於單純口述，有些客戶喜歡眼見為憑，能用眼睛直觀感受的資訊才能真正進入他們腦袋。我們生活在一個大量數據的年代，越來越多的資訊可供參考，讓我做出更好的決定，讓我們對於自己的定位、採取的行動及其意義有更好的能見度，所以漸漸的，你接觸到這些決策者也會開始想要用自己的眼睛去看見數據，其中有些人也會想要用自己的見解去思考資訊背後的意義。

提供事實與數字能從兩個層面對你有幫助。首先，它提供了另一種層級的證據力，除了第三方驗證，它可以自己證明自己、不受你的分析限制，因為這是「親眼所見」。其次，在沒有其他證據來源提供分析或闡釋之下，它需要你的客戶開始自己思考、自己決定他們所看到的這些數據對他的意義，因此不會流於抽象的理論，並且促使你的客戶認真投入「為何現在改變」的情緒中。

就目前為止，你已建立了「為何現在改變」的觀念及對應的證據，來證明這些趨勢不假且需要妥善面對處理。第三種內容，事實和數字，可協助你讓客戶更了解他們「親眼所見」的內容。這也讓我們帶出第四種、也是最後一種內容：你的觀點與價值，或說是「如何改變」。

觀點與價值

客戶會問：我現在看到這段資訊的意義是甚麼？對於這些趨勢、證據及數字我應該怎麼思考？我應該如何理解然後採取何種行動？如果你想要成為可信建議者，你需要對這些問題有建議可以提供，你需要針對應有的行動、何時進行及如何進行提供諮詢，你必須要胸有成竹，要能對於什麼樣的決定是真正的好、真正的正確，有著強而有力的意見以及不偏誤的判斷。

也就是說你必須要有觀點與價值來讓客戶知道採取不同作為的必要性，包含了你對於趨勢的想法以及客戶為了未來應做什麼準備行動，你必須讓客戶對你更好選擇、更好行動方案的想法買帳。

回到前面的例子，如果嬰兒潮世代的退休率如我所引述的一樣，而且人才庫確實不斷減少的情況下，那我對趨勢的看法可能會是「無法建立有效人才招募計畫去辨識和聘用替代人力的公司，會處於落後姿態、無法聘請到其所需的員工。」我的觀點與價值可能會是「沒有努力改變其員工價值主張以吸引年輕世代的公司會遭受困境，這代表你需要朝向彈性工時、不同福利津貼，及提供更具意義及目標的工作環境。」另一種我想要分享的觀點是，公司需要藉由建立訓練機制弭平技術斷層，讓其所聘用的年輕員工獲得所需的技能以勝任他們的工作角色。我認為聘用員工但卻不加以訓練，對員工是不公平的，這會讓公司和員工都陷入雙輸的局面，而和我抱持不同價值觀的業務可能認為「學習如何勝任工作是員工的責任」，就好像他們剛出社會時一樣。

這些想法都是對趨勢的回應，傳達我對趨勢的觀感，這些想法也是你應該採取的行動，同時也說明如果你甚麼都不做會發生甚麼事，強調了四種不同內容中「為何現在需要改變」的訊息，也讓你用來開始提升大腦佔有率、將自己定位成價值創造者以及可以產出更好結果的人。

如果你和客戶分享你的見解跟意見，你不用擔心你的競爭對手也會得知你的想法。如果你把可以創造價值的想法守著不讓人知道，沒有人會知道你是能夠創造價值的人，當然也不可能有機會跟對手競爭、把對手擠掉。你也無須擔心其他業務員跟你做一樣的事情，或至少持續一段時間跟你做一樣的努力。我在本書前三章所描述的方法需要真正的投入，而多數你的競爭對手是不可能跟著你走這條路的，相較於塑造自己作為一個權威或者顧問般的角色，他們更可能會選擇由第一層價值開始，冀望他們老派的產品介紹、公司沿革及過往實績列表足以贏得它們的生意。

訊息的排序

這個方法需要你長時間的專業堅持來持續溝通，為達此事，你需要一個絕對可靠的計畫，你也需要考慮如何排序堆疊你要送出的訊息及想法來創造對你有利的狀況。

本節的理念提供你一個有關持續溝通及發出訊息的想法。你把它想成是一道食譜，代表它一定要有食材的組成，在任何食譜中，你可以調整口味，但你不可能更換全部食材，卻還認為這是原本的那道菜。所以回到主題，核心食材是我們說的溝通與訊息，而你可以調整的是溝通頻率和訊息順序來符合你的需求。

我一般會選擇六十個目標客戶來做分組，沒有特別原因，只是因為我可以將這個數字分成A、B、C和D四組並且在四周以內進行溝通。你當然可以選擇其他數字，但除非你的目標客戶清單非常非常短，否則我不會選擇少於六十的數字。

第一周：A組

電訪：當月第一周，我會電訪拜訪、留下語音信箱並後續寄出跟進電子郵件給A組的客戶，這通電話聽起來會像我在本章前面用過的語句，也就是我請求客戶給我二十分鐘見面提供行政簡報的對話。

語音訊息：通常，我的目標客戶都很忙，所以我沒辦法和A組裡面的十五個客戶全部直接聯繫上，所以我會留下語音信箱，解釋我是誰、為何來電，以及我的目的。我會選擇用語音訊息告訴客戶，我會寄電子郵件給它們，所以他們也會得到我的連絡資訊，而下周我會再致電一次。

電子郵件：我寄的電子郵件會盡量做到簡短扼要。首先我會因沒有辦法直接聯繫而先向客戶道歉，我會讓他們知道我下周會再度致電看能不能預約一個時間簡報，也會提醒客戶電子郵件裡有我的連絡資訊，如果他們需要任何幫忙都可以聯繫我。

在我們進入第二周之前，我們先看到一個重點是，我並沒有要求目標客戶回電給我，因為這並非他們的責任，要求合作生意的人是我（如果客戶沒有回電讓你覺得被拒絕，這個想法應該會稍稍撫慰你破碎的心）。我也讓客戶知道我會回電，這告訴目標客戶我對安排會面的要求是認真的，我不是那種一季打一次電話講個幾句就消失的業務員，我不會只是傻等生意上門。

第二周——B組

在第二周，我的行銷活動會像第一周一樣，一樣是電訪、留下語音訊息，並寄電子郵件，訊息的內容也不變，只不過對象換成B組的客戶。但我們也對第一周的A組客戶作出要回電的承諾，所以我們必須信守承諾。

現在是第二次用這套電訪、留下語音訊息及寄電子郵件的一連串模式在A組客戶上。之前他們漏掉你的電話、聽到你的語音信箱，並收到你的電子郵件，所以第二次的時候你可以試著改變一下，例如像「抱歉我又沒辦法跟你說到話，我會再更努力一點。」如果做得到的話，這時候你可以開始試著用輕鬆一點的方式進行，不用那麼正式，你不會想成為一個嚴肅而無趣，這樣沒有人會樂意和你見面。

在第二周，你會打出三十通目標客戶的電話，結果無論是約到見面時間，或被拒絕，或是留下了語音信箱，或因為無法直接聯繫而寄電子郵件提醒。算一算這只是一天打六通電話和發六封電子郵件，其他剩下的時間足夠讓你繼續努力創造機會，做額外的預備工作，及其他必要的工作。

第三周——C組

現在是第三周，所以前兩周用在A組和B組客戶在所用的相同模式，也開始用在C組，但你上一周也承諾了B組你會再度回電，所以一樣必須做到。

在嘗試A組連續兩周後，你可以試著改變一些發出的資訊、寄一些有價值的內容但不含任何「要求」成分——也就是說，你真的沒有向目標客戶要求任何東西，連回電也不用。有許多東西可讓你選擇分享，如我們在本章所概述的內容。

- 如果你知道有個部落格貼文是在分析某趨勢，而且你認為這趨勢會影響你目標客戶的生意，那你可以分享貼文連結，順便用簡短幾句話解釋為何你認為這對客戶來說很重要。
- 你可以找出能夠跟這趨勢相關的新聞、雜誌、或期刊文章。將文章分享給給客戶，並標示你認為的重點部分，這時候你便開始進行一種形塑其想法、也就是創造大腦佔有率的過程，過程中是由你來決定何種觀點值得其關注，等於是在建立你自己的專家形象。

在跟客戶的前期對話中分享的想法，我認為都應該專注在「為何改變」的這個主題，所以你必須要能夠提供證據、事實和數據，你也需要整理一下你的思維跟說法來跟客戶解釋其重要性。

第四周——D組

同樣的模式繼續用在D組，然後如同上一周，你還欠C組客戶一通後續追蹤電話，同時，你要像寄上周分享資訊給A組一樣，要把有關「為何改變」的內容寄給B組。在與A組溝通連續三周後，這一周可以是休息周，但是無須擔心，你不是就此放棄離開，只是給彼此保留一點空間，我們要的是專業堅持，但不是當一個騷擾人的蒼蠅、討厭鬼，當然更不想的是收到法院禁止令（沒有人活該要被業務騷擾到擔心有人在公司門口堵他下班）。

我想要給你一些概念，讓你對這整套方法多一點了解，並提醒你真正重要的是你的想法。尋求目標客戶並提升大腦佔有率是你可以盡情發揮創意去做的事，但首先，我要給你一個重要的提醒。

永遠不要在這個過程中使用自動化工具，永遠不要。因為自動化會消弭你的努力，你的目標是培養你所需要的關係，而要加強關係的重點不在於效率，而是效果，這種對話應該到處都有你親自參與的痕跡，你必須對這個過程真切地投入，所以一個追求效率的行銷單位絕不會是目標客戶的可信諮詢者，但你正在努力做到。

四周之後的行銷活動大致如下：

第五周：

A：電訪、語音信箱、電子郵件

B：第一個休息周

C：分享關於「為何改變」的貼文或文章

D：電訪、語音信箱、電子郵件

第六周：

A：Linkedin網站上送出建立關係請求

B：電訪、語音信箱、電子郵件

C：第一個休息周

D：分享關於「為何改變」的貼文或文章

第七周：

A：第二個休息周

B：Linkedin網站上送出建立關係請求

C：電訪、語音信箱、電子郵件

D：第一個休息周

第八周：

A：電訪、語音信箱、電子郵件

B：第二個休息周

C：Linkedin 網站上送出建立關係請求

D：電訪、語音信箱、電子郵件

第九周：

A：第二次分享關於「為何改變」的貼文或文章

B：電訪、語音信箱、電子郵件

C：第二個休息周

D：Linkedin 網站上送出建立關係請求

你已經提供分析並確認超級趨勢的部落格貼文或文章，並分享了主題圍繞在「為何改變」的內容，你可以再介紹另一種趨勢，或者加入額外的知識，這些全部都會在第二章你所確認的主題框架之下。

在我們繼續討論前，我強烈的直覺（根據我的長期經驗）告訴我這會是你進行競爭替代以及尋求目標客戶經驗中最長、持續最久的一次活動，反之我倒是覺得你的競爭對手從來沒有這麼持續地試圖跟客戶敲定時間見面，也從來沒有試過追求這樣強調價值創造的方法。你跟你的競爭對手的差異讓你成為一個危險且強而有力的對手，即使需要時間證明，即使你必須在他們的合約期間持續努力直到最後一刻，但千萬不要放棄，要持之以恆。

第十周：

A：電訪、語音信箱、電子郵件

B：第二次分享關於「為何改變」的貼文或文章

C：電訪、語音信箱、電子郵件

D：第二個休息周

第十一周：

A：第三個休息周

B：電訪、語音信箱、電子郵件

C：第二次分享關於「為何改變」的貼文或文章

D：電訪、語音信箱、電子郵件

第十二周：

A：休息周

B：第三個休息周

C：電訪、語音信箱、電子郵件

D：第二次分享關於「為何改變」的貼文或文章

第十三周—評估

在我們的工作走到這個部分，是時候稍微停下腳步並評估你目前的成果。你也需要做一些調整，如果你嘗試和你的目標客戶聯繫溝通了八次，但都沒有得到任何回應，甚至連個拒絕都沒有，那麼或許是時候換一個聯絡窗口。如果你在過程中發現某一個你以為的目標客戶根本不算是目標客戶，那麼你需要在未來的行銷活動中把他們從名單中拿掉。

這是你培養目標客戶及你專業堅持的方法，也同時透過這個方法把你具備的經驗、想法以及創造差異能力宣傳出去。有句話是這樣說的，種植一棵供人乘涼的樹，最好是二十年前，但過了那個機會，再來的最佳時刻即是現在了。這個當下你越早開始進行這項工作，你就能越快提升大腦佔有率並創造契機。即便你的目標客戶直到有重大事件發生前都不一定會輕易放棄夥伴，你仍想要成為那個事件發生後，你的客戶想尋求協助的第一順位。

競爭型替代不會一夕之間發生，你需要建立長期計畫好培養並發展關係，這項工作不能缺乏精準設計的計畫，也不能是兩天捕魚三天曬網，更不能沒有可以推動改變的深刻見解。

現在就這麼做：

1. 列出你可以使用在培養行銷活動的資源名單（洞見、證據提供者、事實與數據、觀點及價值）。
2. 概略描述你的十三周目標客戶培養活動。

欲下載本章所附工作表，請上www.eattheirlunch.training。

第四章　意圖不軌的探詢

本書從頭到尾都在討論摒除競爭對手的企圖，其策略的主體都在創造具差異性的價值，而贏得大腦佔有率以及創造改變契機的計畫，則使用了讓你做為價值創造者的戰術，同時讓你定位自己為目標客戶的潛在合夥人。有了這樣的策略跟這樣的意圖，接著我們延伸談到你如何去加以挖掘寶藏。

當你已經將你自己塑造成一個富有想法的人，接下來就是必須進一步探詢你的客戶，邀請聯絡窗口見面，好進一步探索改變的可能，本章節會和前一章節一樣在各方面充滿實際性和戰術性，好讓我們可以為培養目標客戶及創造契機做足準備工作。

開發目標客戶名單

贏得目標客戶，首先要確認哪些潛在客戶及公司可能因你的見解觀點和解決方案而最大程度受益，這樣的目的在於找出並且贏得策略性客戶。

並非所有未來客戶都視為同等，確實有些未來客戶對你和你的公司來說更有價值，可以是比其他公司在你的公司身上花更多預算的公司，也可能是列為首選、有著容易辨識的商標的大公司（當然我們不會拿這些東西來讓其他目標客戶感到印象深刻，至少在第一次見面時不這麼做）*。也可能是在產業中有影響力的公司，他們的出現可能會引起業內其他公司開始注意你。但是這只是你這一端的說法，當你要選擇對你的營運能帶來差異的客戶時，重要的是你要能理解目標客戶那一端的想法。

在客戶的眼中，你和你的競爭對手也不盡相同，在某些地方上，你大幅領先你的競爭對手，但在其他面向上，他們創造的價值則讓他們成為客戶的首選。讓我用一個例子來加以解釋。我們假設在你的產業中，有一間大公司耗費相當高的費用在使用你的本業產品，搶下他的訂單對你的營收是很大的挹注，整年度的營收目標都有望一次搞定。但你的公司專注在發展差異化價值，為了提供這個價值，你自然會比競爭對手提出更高的價格（從現在開始可能會越來越有既視感）。

然而，這個客戶在他的領域裡一向都在玩價格遊戲，策略就是把供應商價格壓得越低越好，而你的競爭對手則用不理性的超低訂價把這個客戶抓得緊緊的，你或你的公司完全沒有切入的空間，因為要跟對方不合理的報價同場較勁，根本沒有利潤可言，這樣的狀況就不應該把這間公司列為你的目標客戶，因為他們對你的價值認同度根本不夠、眼裡只有低價。通常你會知道這類型客戶，如果不是因為你或你公司的同仁曾經電訪過，就是因為這些客戶壓榨供應商的名聲早已遠播。

在產業中打滾，久而久之你就會知道哪個競爭對手正在為你目標客戶中的哪一個服務，你探詢的越多，你得到的資訊就越多。例如你可以從客戶聯絡人在Linkedin上的個人檔案得到很多資訊，如果他們設為公開的話，你有時候可以挖出他們目前的合作對象是誰。又或者當某個業務員

＊對於秀出現有客戶的商標，來證明你的公司信譽，或是提醒潛在客戶的策略偏保守仍有許多討論。在關係培養的前期分享這些實績商標的其中一個風險是會讓客戶認為它們對你來說無足輕重，另一個風險是你會把自己從第四層價值打回到第一層價值，因為你談論的是你的公司和現有客戶而不是「為何需要改變」的主題。除了視覺上的呈現，你有可能會更好的方式來做，你可以考慮口頭上提到實績客戶的名字，來帶出在你的幫助下，他們整理出對趨勢的觀點、導致他們進行改變的原因，以及它們做出甚麼樣的決策。像這樣把大型公司的商標跟推動改變的訊息綁在一起可能會有幫助，但是任何事情都有風險，也有可能目標客戶聽完會質疑，「既然你都跟我的主要對手合作了，那我為什麼要跟你合作？」

太過短視近利或過度自信地在公開場合或平台分享其客戶對他們的推薦，他們其實也在把他們的客戶名單洩漏給你。

你可能也聽過有種公司，一樣也是大公司、一樣也大量使用你的本業產品，但是因為不成熟的高層管理風格，總是把合作公司視為「供應商」而非夥伴，他們通常不太好相處、待人不佳，且難以提供可以滿足他們的服務。這種公司我們稱為「夢魘客戶」。在你的職業生涯中，總是會在某個時間點出現這樣的客戶，無論他們願意花多少錢在你的業務上，你還是要盡可能的擺脫它們，否則你反而會因為接了他們的生意結果過得更慘，必須承擔處理他們丟給你的所有問題跟負擔，打個比喻，就像是養一條龍當作寵物，麻煩透頂，時間久了你還會被弄得遍體鱗傷（更慘的是，你還必須幫忙擦屁股、收拾爛攤子）。

所以你要找的到底是甚麼？怎麼樣才能叫做「目標客戶」？你要找的是會策略性使用你產品的公司，也就代表你的產品對它們的營運很重要。這也代表它們在你業務上的花費頗高，也會受到你所確認辨識的趨勢影響——或者即將會受到影響。它們會在乎你銷售的事物，以及你認為應該要與他們分享的想法，對他們來說是有共鳴的。然而，更重要的是，他們從行為及作法上都支持你做為一個策略夥伴，而非單純的供應商。因為你能提供更高的價值，所以你的目標客戶願意支付較高價格，讓你去創造價值，好提供他們所需的成果。這裡的關鍵是，他們對於自己所需的成果有足夠的投資企圖。

為了創造這個目標客戶的名單，很合理地我們會先從業界內的知名大客戶開始，他們在你的產業內的花費不是你唯一需要考量的因子，但確實是個篩選因素，你能夠找到的某些大客戶，可能是你從未聽過但卻策略性使用你的產品的公司，他們在你公司業務上的花費不亞於一些你電訪過的更大型公司，甚至可能更多。

創造未來客戶層級

前面提到，不是你電訪的任何客戶都會是目標客戶。你需要持續挖掘，這代表你需要把你的時間、名單加以分割，並合理分配你有限的時間及精力來創造成果。

我們把篩選客戶的最終目標專注在競爭型替代、吃掉對手的生意。所以你的行銷活動就要聚焦在選擇能創造最好前景的客戶，即便這種客戶冷若冰山、很難打動。但我們知道，你是在將你的時間與心力分配在獲得最佳結果上，也就是摒除競爭對手並獲得有意義的客戶，產出超前絕倫的成果。

這麼做代表你跟競爭對手以及多數業務員有著一百八十度不同的作法。多數業務員不會主動出擊接觸那些難以打動的客戶，而是等待不需艱辛經營的潛在熱客戶出現來找他們，相反的，你會將時間專注在從競爭對手目前的客戶名單下手，兩相比較，這便是主動追求目標和被動等待的不同。

但也不代表你無須做額外的挖掘工作，還有其它的潛在客戶，或許他們相較起來不如目標客戶吸引你，但仍具有非常好的前景，你也需要去探詢這些客戶。你應該將探詢中的潛在客戶分門別類，以確保對各個類別投入適當的心力。

既然我們在剛剛的行銷活動中已經用了英文字母來區別不同組別的目標客戶，我們在這裡要用另一種不同的命名方法，用貴金屬來命名，而你當然可以選用任何你覺得可行的方式來命名。

鉑金：這些是你的理想目標客戶，因為它們是你最好的未來客戶，你會優先將你的心力投入在這裡，你可能有六十個鉑金客戶，或者二百四十個，根據你的產業、領域或者你設定的目標會讓你決定鉑金客戶的數量，這些客戶是會策略性使用你所銷售的商品或服務，認定其對他們的生意很重要，同時也會認同你所提供的真正價值。

金：並非所有潛在客戶都是你的最佳目標客戶，但也不致差距太大，也許他們在你銷售的產品或服務上花費不是那麼多，但數量也足夠使他們成為非常非常有前景的客戶。在探詢你的鉑金客戶後，你就應該要把時間投入下一個順位的客戶，因為他們也可能有一天會成長為你的理想目標客戶。

銀：這個分級的客戶花在你的業務上的花費可能不像前兩層級客戶一樣高，他們也不會把對你的採購視為策略的一部分。但它們仍是穩定的潛在客戶，取得它們的生意依然是你達成目標的重要一環，在努力探詢高價值潛在客戶過後，記得也要在這個層級配置你的心力。

銅：規模小且非策略性使用者。這個層級的客戶對你的採購量少，也因為你的商品或服務對他們生意的重要性不足，所以也無法讓他們花更多時間與投資在你身上，你可能會被視為「商品」之一。對於你的價值創造而言，這個層級的客戶所面臨的挑戰強度不足，無法促使你創造與目標客戶相同的價值。

如果硬要換算的話，一個目標客戶對你和你的公司的價值，可能需要十幾個銅級（交易型）客戶加起來才能等值（但我對於這樣換算抱著質疑的態度，業務員想用多個小型的案子來達到年度目標的時候，往往會比預想中遇到更多小問題及更多客戶的細微需求）。

前面說過，把你的探詢行為和客戶名單分門別類，是因為你的時間與體力有限，如果你已經從事銷售一段時間，你知道贏得一個銅級客戶的時間，可以用來贏得一個更高層級的未來客戶時，那你就知道你應該把時間與精力投入在回報率最大的事物上。

我在本書第一部份所示範的策略和戰術讓你知道，應該把時間優先放在目標客戶上，儘管你時間有限，假設每天只有九十分鐘，也非常足夠你做探詢客戶的工作，用這九十分鐘你就可以輕鬆把我們這幾個章節的觀念用在你的目標客戶上。你的專業堅持，用創造更高價值及提供策略結果來尋求目標客戶，最終會讓你創造摒除競爭對手的契機。

如何研究你的未來客戶

要想達到最佳效果，你需要將研究工作從探詢和培養活動中獨立出來。研究工作應該要做到一個最小需求量，也是你應該開始著手的部分。

發展一個有效的客戶探掘計畫，你需要研究目標客戶公司裡的聯絡窗口。做研究對於探詢行為來說非常重要，但並非真正的探詢動作。當你在進行研究時，你不會要求約定時間與見面，這會讓你的研究工作變調，因為研究活動確實需要和真實的探詢工作有所區別，你應該在探詢動作之前先進行必要的研究，而你只需要做一次也不用做太多太深的研究便可達成效果。

有些業務員做了太多研究，認為如果他們了解聯絡窗口以及他們公司的一切，就可以有效地敲時間安排見面。如果你知道你姊夫和目標客戶公司的聯絡人上同一所大學當然很好，但不會幫你創造任何真實價值，你不會這樣說：「我知道你上過維滕貝格大學，我姊夫以前也念那間學校，我們應該約出來聊一下啊。」

而其他業務員做的研究則太少，連瀏覽客戶公司網站或聯絡人的個人資料都不願意，這對於生活在資訊氾濫年代的業務來說算是一種失職的行為，更不用說某些資料是早已公開的，當人們把他們的個人資料放在網路上，他們是主動去做這件事的，代表這是他們想要讓其他人了解的資訊，不去看看客戶公司網站或者未來可能的合作對象的個人資料，都是很不合理的行為。或許過程中你會剛好發現你要研究的對象以前曾是你現有客戶的員工。這個資訊也許可以讓你詢問現有客戶幫你引見，或和你分享一些關於這位新聯絡人的看法。

我們可以找到平衡，我們把研究設定為最小可行的資訊量，你只需要知道一些關鍵資訊，一旦你擁有這些資料，就足夠讓你有效探詢和培養你的目標客戶。

首先，你需要知道這家公司的本業是什麼，當有人問你「你和我們同類型產業的公司合作過嗎？」你不會想要回答：「請問你們公司是什麼產業？」好好的讀一下公司網站的「關於我們」並把內容下載到你的客戶關係管理資料夾裡，這樣你不用每次要看都要再上一次網頁。其次，你需要一份這間公司的聯絡人名單，我認為從連絡對象的職稱開始研究是很合理的事，何況我們預設這些人是未來會有合作關係的人，但是有一個角色比其他的更重要，我把這個角色稱作問題執行長，雖然這個職稱實際上並不存在。

我知道你一直以來的觀念都是要接觸公司高層，讓他們由上而下的介紹你進入他們的組織內部，但在多數情況中，執行長本人並不在乎你所銷售的產品或服務，執行長底下有很多人能幫他在各個領域做出適當的決策，包含辨識和獲得好的策略夥伴，問題執行長就是獲得授權能深入關心你所銷售的商品或服務，以及你所創造的成果的人，在你的世界中，這個人可能是行銷部門主管、業務副總、資訊處處長，或者維護部部長。不論任何人，只要他們關心你所做的事，並擁有改變的動機，都是你想要找出的關鍵人物。

同時，除了這些人之外還有你可以探詢的目標，因為你是要塑造他們的想法，你是要建立大腦佔有率，想辦法探詢目標客戶公司中的其他人也是很合理。在前期的溝通中拉進其他人，並解釋你如何能幫助他們做得更好，可能會有反作用，而且風險確實存在。當你打電話給你找得到的任何一個人，你可能反而會創造了一種對你反感的情緒，而最後他們可能集體同意要讓你吃閉門羹。再者，這麼做也可能吸引太多注意力在你身上，讓競爭對手也注意到你。理想情況下，你的行銷活動應該是一次針對一個單一利害關係人，在確認跟第一個利害關係人已經建立了穩固的溝通管道，或者已經確認探詢失敗後，再轉往下一個利害關係人。

你要找的是使用你銷售的產品或服務的買主，也就是終端使用者，但同時你也尋找你主要工作場域以外的部門聯絡人（例如，你的專案可能是資訊部門的案子，但如果專案內容是關於提供行銷部門可用的數據，那你就需要尋找行銷部門的人），如果你的業務對某人有正面影響，那這個人就是潛在聯絡人。當你有機會打進目標客戶公司，你需要快速地垂直（同部門內更高階或更低階）或水平移動（其他部門）來找出所有正確的利害關係人。

如果你已確認辨識你客戶尋求計畫的聯絡人，你會需要他們的聯絡方式，電話號碼、電子郵件地址及聯絡地址，這可能是你需要的研究中最困難的部分，你可能已經使用各種付費服務來取得聯絡人的資訊。

這是你該做的最少量研究，這樣的資訊量已經達到其必要性，不需要再多。你需要抱持著一次完成的心態進行研究，把它整理到一個方便的地方，然後一年最多更新兩次（或者當有任何事件讓你覺得需要做更多的時候）。

發展聯絡人計畫

你的聯絡人計畫必須是以多重利害關係人的方式探詢，包含客戶聯絡人的水平（不同部門）或垂直（不同位階）方式。

在本章前面部分我提到，你正在尋找問題執行長，一個有最高授權並認真關心你銷售的商品或服務，以及你可以為組織帶來的改善。我也提示你需要思考垂直方面的利害關係人，也就是在同部門或同業務範圍內不同高低階位置的人，你也需要思考水平方面，也就是其他部門中藉由將現有供應商換成新的策略夥伴（也就是你），而得到利益的人。

我在這裡要分享的觀念，會衝撞過去傳統探詢客戶的古老智慧，而我需要解釋一下銷售世界到底經歷什麼改變以致需要全新不同的方法。幾十年以來，你已被教導及訓練要能直達公司高層。這個理念是希望透過接觸最有權力之人來直接推銷你所銷售的商品或服務。如此一來，你有機會贏得層峰的支持，然後就會由上而下地把你順順地推進組織裡，接著利用他們的支持來創造並贏得契機。這本來是一個好建議沒錯，但今天，贏得公司層峰支持雖然仍有必要，卻不一定如過去般有效。

現在的商業世界，授權已經下放分散至整個組織，決策是經由共識所做成。在過去經驗裡業務直接拜訪公司高層，但現在，除非團隊中向高層負責的專責主管在評估後表達對於進行改變的極大興趣，否則你拜訪的高層可能對你的報告內容沒有興趣。現今公司高階主管也減少由上而下指示團隊改變或更換供應商，因為推動改變需要團隊的共同認同，沒有的話會容易產生內部的反抗情緒。所以當你仍需要高層主管支持時，先經由公司組織內較低層級的「審查」後會比較容易取得。

現在你所需要的是進入的方法，如果某人打開大門讓你進入一棟建築物，你可以畫出公司垂直和水平結構圖。如果某人打開窗戶讓你偷溜進去建築物，當你進入時你可以從窗戶的位置開始想辦法搞清楚周邊狀況。在我曾待過的一間公司，從前門進去的意思代表你要走人資這條路，我自己的經驗是當時幾乎確定要被人資拒絕。從窗戶進去代表可以找到其他部門的人且可以介入幫忙引見其他利害關係人。找到一個沒有實權的人可能不會是理想的開始，但一旦你進去了，便可以開始行動。

你的聯絡人計畫應以大膽猜測誰是問題執行長開始（之後會繼續說明），你可能可以透過其職稱或團隊中角色來辨識，你的首要任務是塑造這個人的想法，因為這個人對任何改變的決策制定來說是極為重要的角色。但如果你在這個人身上沒辦法獲得成果，你需要轉向其他選項。

這裡沒有正確或錯誤的答案，有的只有選項。如果你無法聯繫上問題執行長，你可以選擇往下移一個階層，在組織中向上尋求之前先向下尋找是有邏輯可言的，因為最可能會需要想破頭來產出目標成果的人，以及從你所銷售商品或服務中受益的人，基本上都不會是高層的人。你將培育行銷活動的內容分享給他們，可以解釋他們為何在現狀掙扎，在此同時你會增加安排見面的機會。不過，因為你的內容和方法極富策略性，以至於如果你沒有機會跟問題執行長接上線，你也可以選擇往上一層級並直接面對面向高層主管解釋領導團隊所經歷的不和諧現象。如果你也能掌握到任何來自基層的資訊跟想法，那麼你在高層辦公室裡的那些對話就不只是說空話，會更真實、也更有趣。當你知道他們正經歷什麼挑戰時，你可以直接把這些議題拉出來談。

這些都只是選擇，沒有一條路叫作正確、叫作一招打遍天下。

你現在要做的是得到一份目標客戶公司中與你領域相關的聯絡人名單，也是最在乎你所銷售商品或服務的人，你要的是終端使用者及來自領導階層的聯絡人，這會給你更多內部潛在支持者。你同時也需要來自其他部門、會受到改變決策影響的聯絡人，當他們跟你連上線，你的優先動作便是要試著透過他們把和你領域相關的主要部門也帶進來。

時間分格管理

你需要一連串的時間區塊，以及發展良好的計劃以便做足探詢、創造夠多的好機會。

我們可以藉由了解如何消磨時光來簡單評估一個人的真正目標是什麼，你做了關於你要做什麼的決定，這個決定會強烈顯示出你真正想要的是甚麼，如果你採取的行動具有一致性，那就可以說明得更清楚，如果你的目標真的是想要從競爭對手中搶走目標客戶，所有觀察你所做所為的人都能知道得一清二楚。

本書的前三分之一部份在於創造更高價值來製造不平等競爭、發展見解可讓你提升大腦佔有率、把想法和洞見轉化為實際計畫來培養你的目標客戶並尋求建立關係、抱著摒除競爭對手的意圖進行探詢，即為，吃掉對手。為求這些策略及戰術有用，你必須將時間格分出來，好一致性地進行你的工作。

要能具有生產力的唯一真正秘訣是將時間花在最重要的事情直到完成，生產力並非由你工作時數或代辦事項中刪除多少任務來決定，而是由需要完成的最重要成果上達成多少產出的結果。時間分格管理就是確保你產出你最需要產出成果的方法。

在第三章中，我大約提到了選擇六十個目標客戶來探詢的概念輪廓，將這個數字分成四組（將這四組分到一個月內的每一周），也就是每周有十五個目標客戶的電話要打（當然我在第三章概述的計畫建議其實還有其他更多活動要做）。簡單算一下，如果你以分享想法的電子郵件來跟進各通電話，你實際上每天會打三通電話，並以三封郵件進行追蹤。這大概會花上你二十分鐘。

每天空出九十分鐘來培養和探詢競爭對手手中的最佳客戶並將其納入旗下是一種變革，如果你想要從競爭對手中搶走你的最佳目標客戶、抱得大獎回家，那麼這個成果需要你投資時間與精力，你必須願意比競爭對手做更多工作，你必須投入全部心血，並且在任何可得的成果上分配足夠時間與精力，那麼所有阻礙最終都會被你征服。

時間的承諾與探索

摒除競爭對手的契機，只有在你得到客戶時間的承諾才開始創造過程（詳見《成交的藝術》），你投入時間、精力及資源，協助它們了解改變的需要，證明你是有想法見解及能力引導客戶朝向更好未來的人，讓你得到他們的時間承諾。

而競爭型替代的過程始於你成功得到見面的機會，開始你的探索，這是第一個契機，如果做得好的話，它會是替代的起始點。

現在就這麼做

1. 列出你的鉑金目標客戶。如果你不確定該列多少，從六十這個數字開始。
2. 研究這些客戶，每一天找出三位你會探詢的聯絡人。
3. 在日曆上空出三個九十分鐘的空檔，來探詢競爭對手手裡的客戶。

欲下載本章所附工作表，請上www.eattheirlunch.training。

第二部分

建立共識：接通天地線

為贏得目標客戶的生意，首先你必須贏得客戶聯絡人的心，理性與感性都要，這並不限於支持你心力、願意協助你找出進入他們公司的方法的人，或者是願意提供你資訊與介紹的人。為摒除你的競爭對手，你的人脈要走得深且廣。

在《成交的藝術》中我寫下買家並不擁有地圖，**他們就是地圖**。在本書的第二部分中，我們會來探討這些地圖，即不同利害關係人在組織裡的個別及整體地圖，然後我們就可以發展計劃來接通天地線。

第五章 幫助你的目標客戶挖掘自我

在過去，挖掘這個詞代表著，詢問你的客戶它們目前不滿意的地方，以及他們在哪些領域努力耕耘卻未見滿意的產出。也就是說我們要跟客戶談論所謂的痛點，亦即發現任何導致客戶業務過程產生問題的事項，然後在這之中，你可以創造一個契機或一個機會去切入而贏得他們的青睞。這件事本身沒有甚麼錯，這十幾年以來大家都是這樣做，而且成效不錯。

但是商業經濟的外貌因各種因素而一再地被重塑，包含全球化（帶來更多及更強的競爭）、中介角色弱化（科技進步導致某些人力工作被排擠）以及商品化（低關稅、過多競爭者及差異化越來越小）。現在這年頭，詢問客戶痛點的方法已經不再有漂亮的成效，尤其是很有可能已經有別人在做一樣的事。現在一般客戶不太願意回答這些問題，因為不論有多麼艱難，他們的認知是要跟他們的問題共存，在這個破壞性變革不斷加速狂奔的世界，他們決定打安全牌，也就是維持現狀，雖說是安全牌，但其實這個動作完全錯誤且非常危險。

今天的世界早已不同於你父母成長的世界，各個面向來看，現今環境都比以前好，但同時也更加困難，商場生態更是如此，很多產業幾乎是一夕之間風雲變色。網飛藉由顧客的裝置上的串流影片直接殲滅了百視達（Blockbuster），而且基本上和以前電視台播電影沒什麼不一樣；優步正在取代計程車的角色；臉書（Facebook）正在改變出版商的角色，同時改變多數人消磨時光的習慣；通用電力公司，在我懂事到成年，一直以來我的認知中它都是美國的商業炸子雞，結果現在正處於找出其經濟地位的陣痛期，也是我從來沒有想過的事，我可以一直舉例下去，例子多到數也數不清。

這些例子只是要說明傳統發掘客戶痛點的效果已經隨時代遞減，更不用說你企圖從競爭對手手中搶走的顧客，可能根本不知道他們需要如何改善、不了解有什麼改變的選項可以走，或者沒有相關經驗。即便是少數人知道公司面臨的挑戰，對於他們需要做的事情上有些想法，但也都是透過有限的個人經歷，他們的經驗通常只侷限於一家公司，而你則是在不同公司進行銷售和執行你的解決方案，你需要把眼光放大來看整個組織的問題而非少部分不滿意的利害關係人。再放大到整個產業，也就越複雜困難，要挑戰更大且更具系統性的問題，於是從發掘痛點，發展到用一個更整體的架構，以宏觀的角度去觀察客戶以及其在變化多端的商業生態中的角色。

所以如果你想要創造真正的改變，包含掃除競爭對手，你必須用更高的視野去了解需要改變的項目到底是什麼，以及更清楚是誰需要領頭來作出這些改變。

這是讓你看清競爭對手沒有看清的事，並協助你的客戶認識自我。接著讓我們來看看在追求價值創造的年代裡，這樣的「發掘」會是甚麼樣子。

以更清楚的角度看清你的客戶

顧問式行銷需要更高明的挖掘功夫，挖掘痛點的表面只是隔靴搔癢，不足以誘發客戶換而跟你合作，也不足以協助客戶本身做出必要改變來達到更好產出。這也是為何我們在第二章發展改變的充足理由。在本章會介紹一種新的發掘方法，跟你之前所學的都不一樣，這個方法奠基於由肯．威爾伯（Ken Wilber）所發展出來的積分理論。

積分理論以一種世界所有事物皆由洞子所形成的前提組成，或者一個集體是數個部分組成，然後每一個部分都自我形成為一個集體。威爾伯的偉大洞見是所有洞子都有內在和外在，而它們都各自獨立且為集體的一部分。最後引申到所有事物都有獨立的內在和外在，如同集體的內在和外在。當你試圖以一個更整體的架構來觀察大型複雜組織以及其中的每個細微個體時，這個觀

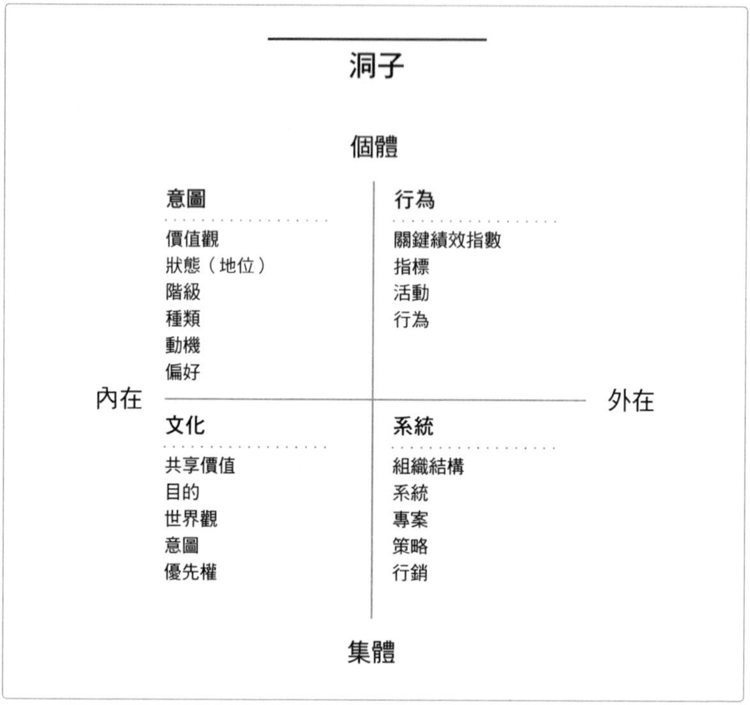

念非常好用。你可能聽過鞋子零售商 Zappos 轉變成沒有經理的組織價構，這個理念，稱作合弄結構，就是從這個核心觀念所延伸出來的。

洞子有內在和外在元素，也同時作為獨立個體及集體的一部分，以四種象限組成。現在，讓我們藉由觀察你自己並舉這兩個例子來了解它的用處。

內在個體：你的內在個體是由你的想法、理念、價值觀、感受及心理所組成，這是你的主觀意識，而且它包含你的價值觀、目的、動機和對事情對你的意義。

外在個體：你也有一個外在個

體，包含身體和大腦，你正在進行我們看得到的事，考慮並且衡量，這些是客觀事實，有著受限於物理法則的統計和指標，這是行為科學的觀察對象。

內在集體：你也有一個內在集體，也就是我們所稱的文化，你屬於一個擁有共享價值的團體，如國家、產業、或者教會。許多你所擁有的個別價值是透過集體內在所給予你的，我們都是群體的一部分。

外在集體：最後，你有一個外在集體，你生活在一個共同的社會系統、環境及經濟當中。

我舉了一個有關你的例子，是因為這比較容易起頭，我也把這個理念大大地簡化，好讓它更實際且富戰略性。現在讓我們來使用這種不同角度來看待你的目標客戶，然後我們會討論如何使用它來得到創造改變的完整觀點。

你可以看到甚麼？

你的目標客戶認為很難進行改變是有原因的，建立這四個象限讓我們更清楚的看見什麼需要改變，以及如何協助公司和員工進行這些改變，在這裡我舉一個假設性的例子：

內在個體：一位主管剛接手一個製造工廠，他最主要的價值觀是工廠員工的安全，當面對一個決策時，他寧可在維持工安這點上過於謹慎，即便是降低產出率，即便整個組織都需要有所改變來符合他側重工安的指令。這位主管的前一份工作是在工業製造廠，他的工安信念帶來安全改善、員工生活品質增加、獲利提高，且使他獲得升遷機會。

為誘導出這些資訊，我們必須藉由提問來進入聯絡人的內在，這也是人類如何增進彼此的了解的最基本方式。

外在個體：主管開始擬訂和執行新的安全守則，但因進度不佳而感到挫折。當某些規則沒有被執行時，他就再加入其他規則，試圖達成他所要的成果，但得到的卻是每項守則的推行都受到鄙視及抗拒，大多數是無言的抗議。他的團隊打算就這樣擺著不管主管的安全守則，組織中的每個人在這過程中都不好受。

為了挖掘這項資訊，我們要知道這位主管正在做甚麼，他的信念在他的世界中如何呈現？信念導致行動，而行動導致結果，不論結果是好是壞。你在這裡所挖掘到的是你客觀的觀察和測量，所找到的結果也通常會再回溯到信念本身。

內在集體：新主管的價值觀和組織內的其他人有所衝突，因為就目前為止，加快產品製造上市的速度為其核心價值，組織反對新主管偏重在安全性的價值，認為目前公司安全紀錄已是最佳狀態，整個團隊對於新主管的努力不領情，決定以不合作的態度面對。

得到這項資訊的關鍵是對團隊中一定數量的人提出問題並進行觀察，收集他們的說法，並發掘團體的價值和信念。

外在集體：這間公司是時尚零售業，這個產業的龍頭一向把加快上市速度作為得到競爭優勢的一種方法。把產出流程的速度放慢，也就等於輸給另一個速度更快更敏捷的競爭對手。更進一步，領導團隊有以產出結果作為衡量基準的獎勵機制，所以加快速度代表著管理團隊更多的個人收益。

外在是由公司用來製造產出的過程及系統所組成。

你也可以在與客戶聯繫人的對話中分享你對於客戶及其產業的調查研究結果，同時在對話中收集各項資料。你也可以以你幫助過其他公司的經驗來協助客戶。

如果你在這個假設例子中與主管直接對談，你可能會很興奮地發現一些成果，你會知道他對現狀不滿意，非常想要進行一些改變，想要購入一些設備來達成目標，想要和同意他的安全主張且可以協助他的人一起工作。從他的內在個體（他的痛點）推敲，足以讓你知道你有機會可以藉由你的安全相關解決方案而大展身手。然而，如果是從他的外在個體去引導、也就是他正在做的事，只會讓你堅信他會成為你的客戶，但他卻是一直在沒有得到所需結果之下持續做這件事，他其實是想要協助的。

然而你可能沒有觀察到集體內在或外在，進而忽略做出改變上真正的挑戰。這位主管正處於公司現有文化與價值的衝突中，他想要成為那個帶來改變的人，而且他想要有所不同，但是組織的其他人有著和他不一樣、根深蒂固的共同思維體系。而在公司於競爭格局中的定位上，他也與整個組織有著不同想法（外在集體），他寧願放慢生產速度也要顧及安全，但組織所認同的正確的解決方案是，提供一個可讓已有的絕佳安全紀錄更加漂亮，而上市速度只有維持或者變快兩條路的方式，放慢速度從來都不是選項之一。要能夠洞悉到這個關鍵點，需要你看清第四層價值的策略性觀點問題：「是甚麼必須被改變？原因為何？」一位觀念不夠開闊的業務，若執著於和該主管進行一場又一場的會議，要想做出正確的改善項目只有艱難一途，而且會發現要建立共識非常困難。

為何這個方法對於競爭性替代策略如此好用？如果你看見其他人所看不到的，你會發現它們錯失的機會，如果你競爭對手看不見的而你看到了，你看到的是解決方案，而他們只會看到高懸未解的挑戰。發掘工作的核心在於探索必要的改變、合作及建立對於解決方案的共識。挖掘的觀點越完整，越可以提供更好、更深入的了解，也讓你能夠幫助客戶更了解自身公司。

探索四種象限

我們來觀察所有四種象限，以及你如何被誘導並使用你所學，來創造摒除競爭對手的機會，且贏得目標客戶的生意合作契機。

作為業務員，我們其中非常擅長的一項事情是，找到一個人並探究他們心裡所想、所需以及其偏好。我們的專業技能的其中一項就是，在任何一場對談當中，我們可以看見一般人不容易發現的事，尤其是有關內在個體的事。當我們與潛在客戶進行前期會面時，我們首要誘導客戶顯露出的是主觀性資訊，我們想要知道坐在我們對面的人相信些什麼、想要些什麼以及想要的原因，我們想要知道他們的個人動機和商業動機。我們想要了解如何去配合客戶的這些主觀想法和偏好，以及能為客戶提供什麼樣的服務，有這樣的方法是因為我們一直以來都是致力於要贏得客戶的大腦佔有率並創造客戶與我們合作的偏好。

如果你曾做過行銷工作，不論時間長短，你都可能做過這件事，即便你自己並不知道。在本節中，你會學習如何仔細觀察你不曾看過的事情，並更加瞭解如何好好運用你所學到的內容。以下的清單列出了你應該從對方的口中探出的資訊，好讓你更加了解他們是何許人物。

內在個體

價值與倫理

當你要和一個你試圖探究的人對話，你要怎麼開始？他們的價值系統是個有用的切入點，你可以找到有許多模型用來檢視一個個體的價值與信念，我個人認為威爾伯的理論是最完整的方式，因為它是多種理論的綜合體*。在這裡我們要看四種對我們的目的最相關且最有用的內在個體。在不同時間及不同情況，這四種類別對於我們所有人都適用，但是你會發現每一個人都對於其中一種有著特別強烈的傾向。

- **紅色：**這層價值集中在自我賦權、尋求機會、自我推薦、設限及發展概念想法。但是這個層級並非全為正面價值，他也有利己和自我導向，以及傾向使用權力以進一步滿足自身利益。

大多數紅色的人會是很有決心且強而有力的人，但也可能很難一起合作，尤其是當事情的發展不如他們預期的時候。許多人會在壓力下進入這個狀態，當接近紅色的這種人時，你需要用它們已經知道的理念做為開頭，要以對其有利、迎合其所想及所需的方式來敘述你的理念，要小心不要引發衝突。挑戰他們的觀點會導致它們不想繼續參與或者主動跟你唱反調。

- **琥珀色**：琥珀色的個體能夠以第二人的觀點來運用自身同理心思考。在這個階段，你開始認同某一些團體，為了他人的好處而犧牲自己想要的，並且服膺一個團體所認為適合的歸屬、信念、秩序及行為。

關於競爭性替代策略以及偏好創造，有此類價值觀的人可能會有點難搞，當你達到了他們的需求，他們會很容易產生一種對你的偏好，但同時，因為這類人相信正確方式只有一種，所以時間一久，你可能會發現它們的死板個性和無法理解新觀念會產生很多問題。你的競爭對手可能就是因為這個理由而和他們糾纏不清。這種人沒有灰色地帶，只有對跟錯、黑跟白，如果你是這類人的上司，只要建立一個典範好讓他相信某些新理念是可行的，那他會對你非常有用。另一個角度看，如果讓他們相信你的競爭對手是「錯」的話，

---

* 還包含了來自亞伯拉罕．馬斯洛、珍妮．洛芬格、羅伯特．基根、勞倫斯．柯爾伯格等人的理論，以及克萊爾．W．格雷夫斯的螺旋動力學理論。

那他們對你來說也會非常有用。

- **橘色**：這是成功者的價值層級，相當強勢且有決心，你以利己的方式自處，盡一切努力讓自己進步成長，積極尋找讓成果極大化的方法，通常帶著樂觀心態。你發展出客觀地、以第三者的角度看待自己的能力，屬於理性、科學的類別。這也是追求競爭優勢的策略家心態，常見於行銷與商業人士，許多創業家也都有這種內在個體。

  在這個層級的人傾向成長導向，對於成果改善的新觀念持開放態度。但同時在追求目標達成的過程中，會容易顯得激進且苛刻。我們都很習慣於面對這個層級的人，這種人尋求邏輯理念和解決方案，他們想要看到成果，而當你提出了一個提案，這類人會想要看到承諾可行的客觀證據。他們也往往希望被認為是很重要的人物，而且需要一直被提醒。

- **綠色**：這是敏感性、平等主義的種類。有這種內在的人內心充滿關懷，心繫社會。這類別的人將焦點放在共識、和諧及人類發展。你可在全食超市（Whole Food）、鞋類零售商Zappos看到帶有這種氣息的主管們以及他們的文化，在勵志演講者賽門・西奈克（Simon Sinek）的理念上也可以看見。

  如有更多人分享推廣這種綠色價值觀，那麼達成共識將成為摒除競爭對手的關鍵，認同此種價值觀的人想要讓更多人進入對話，在共識無法順利達成之前，他們也傾向維持現狀。對於此種層級的人你的方法是將共識、包容性、價值及貢獻列出優先順序。他們在意他們所作之決策對他們所服務之社區和環境帶來的影響。你能提供的幫助就是可以協助他們對社會做出貢獻。

一個人看待其世界的角度絕大部分決定於其所在層級，如果你曾在重要的一段時間擔任業務員，你一定會遇到不同層級的個體。

讓我們來看看這如何實際運用。

一個努力進取及成長導向的人想要做出一些改變，他可能是橘色人，當他得不到他想要的時候，他會採取紅色策略，使用強力手段和他的正式權威逼迫別人做他想要做的事，而不是運用他的道德權威及影響力來促使產出。當你提出一個策略可以讓他得到他所想要的，而非採取他有時仰賴的差勁策略，他會感到非常受用。

積極進取的橘色人通常相對的就是綠色人，因為綠色人往往都希望每個人都能佔有一席之地，每個人的意見都能被聽見，並在向前邁進之前先達成共識。這個綠色人關注被排除掉的人，並可以站在每個人的角度去看一個議題，你可以在過程中將其他利害關係人也拉進來討論，同時協助他們了解共識其實並不代表全體意見必須一致。

琥珀色的利害關係人，也是執行解決方案的經理，她並不想要改變，因為已有現存規章辦法在執行當中，她在乎的是穩定度及產出結果的正確方法。她的看法是，「我們已經這樣執行一段時間，它不可能是錯的」，你可以透過這個改變做法來幫助這種人：建立一套需要被遵守的新系統及流程，並提供她所需要的結構。

這裡建構出來的地圖（map）並非描述地形，而是用來了解你的客戶、了解他們需要甚麼，以及你如何幫助他們得到他們想要的。同時，你的競爭對手，則對其客戶的思維及行為摸不著頭緒，有了這一點點資訊，你可以看見比他們更多的事。

開發之路

過去一百年來最重要的發現其中之一，是發現人類擁有多元智能（由霍華德．加德納〔Howard Gardner〕在《心靈的架構》〔Frames of mind〕一書中所推廣的概念）。人類有十幾種智商，但我們最關注的是包含認知智商、情緒智商和道德智商。

- **認知智商**：有高認知線路的人們很聰明，你通常發現這些人因為他們很聰明而處於領導角色。這些人往往對於事物有著更深的了解，而且他們有強烈求知慾、尋求多種不同資訊及觀點。

你可能認識一些人不像其他人有那麼高的認知智能，但是有更深的經驗和情境知識而能公平地競爭。有些人有很大的企圖心、動力和慾望讓他們建立大公司，並延攬一群比他們自己更聰明的人進來工作。

- **情緒智商**：情緒智商（EQ）是由兩個基本部分組成，第一個部分是人際智慧，即你了解其他人的情緒、動機或者慾望的看法。如果是用在銷售業務上，這是你非常需要的能力，而你會需要能夠用在其他人身上。第二部分是內在智慧，即為了解自我情緒、感受、動機及恐懼的能力。

情緒智商常被認為不算是智商的一種，某些人把它看作是一種技能。還有人則認為情緒智商和管理職是否稱職沒有相關。但以我們的目的而言，我們不太在乎它是不是一種智商。我們把他列進考量只是為了知道，在進行改善過程中，我們要用什麼樣的方式來服務坐在會議桌對面的客戶。

有更高情緒智商的人，大致上來說比較能了解其他人的觀點，他們能設身處地為他人著想，理解別人對某些事可能有甚麼感受、可能有什麼需求及回應。反之，低情緒智商的人則很難做到這些事。

這裡應小心的是，這些類別是用來協助你更了解客戶及目標客戶，不是用來讓你評斷人們，每個人都有不同的長處。事實上某些人在這兩種線路其中一種更高或更低，並不代表他們比別人更好或更差。我們接下來的討論會更清楚一點。

- **道德智商**：避免你認為同時擁有智商和情緒智商，可讓一個人比他人更優秀，你聽到這名字可能會有點意外——阿道夫．希特勒同時有高智商和高情緒智商。他很聰明，而且他能藉由了解多數人們的想法來說服他們，他也是極少數能造成這麼多死亡和毀滅的聰明人物，使他的名字所代表的意義可以自成一種類別。當你要和某人一起合作一段很長的時間，道德智商比起其他智商同樣重要，甚至更重要。

道德智商是能夠分辨對錯的能力。當人們惹上麻煩，往往是因為他們在法律上及道德上做了錯誤的決定。低道德標準的人往往是危險人物，我曾遇過一位目標客戶告訴我，如果想要成為他們的生意夥伴，必須直接塞紅包給他們，甚至建議我提高價格好負擔他們的回扣金額。當我們與客戶的道德標準不一致的時候，就讓我們無法跟他們建立合作關係。因為如果有人不在乎他的公司是不是被偷偷掏空，那麼他一定不會是一個好的長期夥伴。我們在這裡探討的三條路之中，這一條其實還算是容易避開的。這些從事非法或不道德行為而害你也一起承擔風險的人，你只管避開就是。

擁有高認知智能、同時有低情緒智商的人對很多事會非常聰明，但很難與其他人合作，相反的，較低認知智能卻有高情緒智商的人可能在和其他人合作上較為容易，但需要更多的幫忙跟引導，才能了解複雜概念和想法。面對這兩種人，你會需要花更多時間和他們相處，或者改變你分享理念的方法。

外在個體：行為觀察——他們現在在進行什麼？

走到這裡，會深化我們對一個個體實際行為的了解程度，這些是它們內在的實際表現，也是我們可以看見並且觀察測量的行為。

我們要看的是客戶所採取的某些行動、他們產出的結果（不一定是產出，看個別案例的狀況）以及對你來說可見的證據。利用了迄今數十年以來一直被使用的傳統業務手法所完成的客戶資料發掘，你幾乎可以確定你對於了解客戶的外在行為上非常在行。

所以如果你曾在任何時間點擔任銷售工作，那你會知道你要找的是甚麼，客戶告訴你它們需要改進一些衡量指標，不論是收入、成本、利潤、生產量、市佔率、上市速度、來自事業夥伴更快的回應速度、更良好的溝通，或者任何可能改進的數字。

如果你想要創造機會從競爭對手中搶走客戶，你能夠了解一個個體內在和外在的能力將會給你更深刻的洞見。你會知道你需要了解客戶的主觀想法、價值、目標以及需求。你也需要知道它們正在執行的內容，以及其所產出的結果。

我有位朋友一直對於自己公司的行銷能力感到相當頭痛，他相信他們在簡報呈現方式及談判桌上表現都不佳。這就是他的主觀意識，而客觀事實是他們只是一直在對於提案徵求書做出被動回應，而非創造自己的契機。他的行銷團隊甚至認為它們不需要探詢，而是等待潛在案件的到來，整個團隊的思維及行為是其根本問題，而這和他本人的主觀想法一點關係都沒有（內在個體）。就算他讓他的團隊在簡報呈現方式和談判加以訓練，公司表現還是依然不會有所改進了，這是千真萬確的事。

內在集體：共同信念及文化

業務行為諸多失敗背後的原因，是因為業務員和其公司不做必要的工作來了解其潛在客戶的集體意識、他們的企業文化及以及自身的世界觀，現在是時候來做一些改善。

- **集體世界觀**：試著去了解客戶公司的集體價值一直都不容易，尤其是當你只和少數利害關係人會面的情形下，要能從極少的資訊勾勒出所謂真正的共享價值是很困難的事，真正的集體價值更不可能在公司大廳牆上的企業精神等等口號中看到。我們回到肯．威爾伯的理論，紅色文化是指組織認為應該要與供應商站在敵對面，但同時又存在競爭關係、同時也是往來客戶（可參考電影《大亨遊戲》或者《華爾街》）。綠色文化看起來可能就很不一樣，其考量的是能共享企業產出的人，包含員工、客戶及外部利害關係人（可回想《星際迷航記》及其中提到的最高指導原則，還有鞋類零售商Zappos及全食超市）。
- **集體價值**：內在集體也包含集體世界觀。世界觀是由組織的集體經驗，以及對於事件的主要詮釋及其意義所構成。它是一種集體地圖，而這個地圖可能會帶領你這樣思考：「我們的客戶需要我們，而我們就是來為他們服務的。」又或者是「我們的客戶都有著不實際的期待，很難搞。」人們不同的觀念會帶來不同的產出結果，但其實對於執行改變的能力有著更大的影響。

- **故事和角色身分**：內在集體同時也是由組織的共同故事及組織角色身分所組成。其中最有名的故事是蘋果電腦裡，史蒂夫·賈伯斯對穩固組織角色所說的一段話：「我們是為了在宇宙中留下痕跡而生，否則，我們為何要來到這世上？」這些故事協助我們形塑內在集體、價值及世界觀。

所以當你在協助一間公司及其員工進行改變，即便你對於內在集體的命名還沒有概念，你是在跟諸多個體合作，也同時在跟一個大集體合作。而當你試圖推動改變失敗了，其實可能跟過去一樣，是因為集體文化的拒絕改變。

外在集體：勾勒出定位、策略、機會與威脅

外在集體是由公司的組織架構、流程，與六標準差（Six sigma）或其他系統等所組成。外在集體之於我們的目的中最有趣的部分，在於其如何與市場、整體經濟和外在競爭產生摩擦。而公

司的策略在這裡成形，這也是公司試圖競爭並取得勝利的過程。

當我們看待內在個體時，我們是為了更了解這個個體，對於看待外在個體時也有同樣道理。內在集體是文化性的，也是了解可能做出改變的關鍵，以及目標客戶和你為了達成改變的結果而需要做的事，同時讓你摒除你的競爭對手。所以現在我們要觀察的是，潛在客戶正在做什麼及其產生的結果，好斷定它們目前產出結果不順的原因，以及可能的解決辦法。

聽起來好像很複雜，但其實不然。在本書的前三分之一我們已經進行不少討論，我們可以把這些知識拿出來反芻一下，試著變得更可行一點。記得我們討論嬰兒潮世代的退休潮嗎？公司的外在集體或許是用來吸引並取得其所需人才的大框架，但實際上人才招募系統可能才是導致我們的假定公司難以達成想要的產出結果的最終原因，因為這個系統無法成功吸引其真正所需的候選人才。

再舉另外一個例子，假設一間行銷業務機構一直難以達到產出結果，也許他們的業務流程是從一九八〇年代就建立起來的，當時來說，高度交易化還是很合理的事。這個流程，即外在集體，是驅使外在個體行為的主因，同時在遭遇到傾向於創造更高價值的市場時，一直跌跌撞撞。我們再深入探討這個例子，也許這個銷售機構的領導者相信多促成交易是一件對的事情，也許這就是讓他當年在業務員期間成功的原因。集體文化可能建立在一種「對客戶不用太客氣，需要用力推一把」的想法上，而且他們「不能讓客戶在談判桌上獲勝」。這是一種單一狀況，而你可以看見四種象限都用上了。

商業部門的各個部分都是一套系統，行銷、人力資源、財務與會計，以至於營運部門。這種對客戶及其公司深入及完整的觀點，可讓你進行真實的資料發掘工作，並可大大改善你促成真正改變的能力。更進一步，這也會讓你對於目標客戶需要怎麼做才能產出更好結果有更深刻的理解，於是你就能夠洞悉客戶真正需要的改善，以及在客戶公司內部如何執行。這個知識是競爭性替代策略的關鍵，第二章談到的超級趨勢會幫助你更了解外在集體。

讓四種象限變得實際且富戰術性

我們來看一個假設範例，讓這些討論拉到跟現實逼近的水準，這間公司的新領導者需要在他的公司裡進行改變。

這位是何方神聖？

我們先來試著了解一位真正的利害關係人，並使用我們所學來幫助他挖掘自我及了解其公司。假設這個主管擁有橘色價值，他看待事情的角度是理性觀點，你跟他說明任何事，他都可能會尋找證據證明你說的是真的。他可能會相信他的命運掌握在自己手裡，而且他一定能達到他設定的目標，有這些價值的人會尋求競爭性優勢。然而，最應注意的，是他對自我顯著性的高度需求，他所有的高級學位證書懸掛在他身後的牆上，而他的桌上是他妻子與昂貴紅色跑車的照片。

對應這樣的人，你應該使用的方法是盡可能在保護他的自尊。必須知道這樣的人，當你跟他分享他從沒思考過的想法跟概念，他往往會認為你在對他提出挑戰跟攻擊，所以他就會不由自主地想要保護他的自尊心。所以，不要分享對他而言聽都沒聽過的資訊，你或許可以說：「我想要跟你分享我們對某些事的看法，而這些事我想你也一定都掌握到了，我希望你能對我們的看法提出一些意見，我很希望你能提出你這邊的觀點。」

他正在做甚麼？

我們可能知道這位利害關係人的外在個體，他被執行長雇用，要求他讓快要失敗的部門起死回生。他在第一個月開除了兩個經理，而接下來兩個月才真正開始了解部門業務。你會知道這些事是因為他親口告訴你，以及從公司裡面其他你曾溝通過的員工口中而得知。你也聽到他已經為部門的各個環節擬定一項計畫，但只和領導階層分享報告，讓多數人憂心真正的改變馬上要開始，而且一定會很令人不愉快。

內在能讓你洞悉外在，反之亦然。了解你所面對的人可以協助你了解為何他要這樣做，讓我們透過其他兩種象限繼續說明，並確保你知道如何使用這個架構。

這個集體是誰？

這主管也曾經在很正面且樂觀的企業文化中浸淫，團隊的價值曾經是以一種偏綠而非橘色的狀態運作，每個人互相尊重而且他們共同擬定決策來為組織效力，但當他們的公司面臨困難的挑戰時，某些領導者離開公司，而組織文化開始惡化，它開始退到紅色文化，每個人為了職位汲汲營營，試圖拯救自己而不惜犧牲他人，權力越高你越富有。

對於這個資訊你可以做些甚麼事？你如何能運用它？如果你是諮詢型的業務員，你可以跟這位領導者做訪談，並說：「我發現在這裡工作的人可能因你要做的改變而感到不安，我們可以怎麼樣來跟大家說明，好讓他們了解我們正在做的事，以及這個改變可以為他們帶來什麼？」或者你可以說：「另一種方式是，建立一個迎接改變的新團隊，傳達你的訊息並領導其他同事、協助他們了解為何這些改變很重要，以及要怎麼做才能確保最終會成功。這種方式在這邊可行嗎？」

他們在做甚麼？

這個部門的問題的根本原因，是它們陳舊的科技已不再讓它們有競爭力。不僅速度技術太慢，其產出的成果品質對市場來說低劣不佳而且早已過時，基本上就是以類比儀器在數位時代跟人競爭，另外，這個產業已經商品化，而他們早已失去以任何正面方式產生差異化的能力（其實跟別家的產品還是有差異的，只不過是不好的那種）。

現在你是儀器業務，你所賣的儀器可使這個部門變得現代化並賦予其新生命，儀器的投資可能金額高昂，但一定有幫助。不過部門現有員工就可能必須重新訓練新儀器的使用方法，而他們的銷售方式和行銷方法也需要改變，才能利用新方法新技巧來贏得顧客和訂單。

這是以第一層級價值的業務員的眼光看待此情境。這些業務員不會將焦點集中在真正的改變發生後而產生的策略成果，業務只會認為他們的職責就是應該賣儀器給他，即便之後部門還是無法產出所需結果。而相反地，第四層級的業務員則認為推銷儀器之餘，還要銷售完整教育訓練課程，以及建立與公司的行銷部門的合作，好協助部門學習如何在公司購買新儀器後能有效進行銷售行為。這個第四層級價值的業務員會清楚知道他們是在讓一個複雜的組織從內部進行改變，而以完整的角度看待問題。第一位業務員就不會這樣想了，他對問題有著狹隘的了解，簡報開始就劈頭介紹公司或產品，而第四層級的業務員會著重在客戶和標題「讓XYZ公司重回業界霸主」上，也是我認為該利害關係人可能會認同的部分，因為這可能也是他的願景。

這個對話可能聽起來像這樣：「儀器本身不會給予你想要的一切，我們要做的是一個讓XYZ公司快速重回龍頭位置的計畫，我們要重新訓練改善你的團隊，同時我們也會和行銷合作，協助它們改善現有作法，好讓公司可以提高收入。」

看到這邊你應該可以有些心得，你可以開始創造競爭性替代的契機。

現在就這麼做：

1. 在你現有客戶名單中列出三位你非常了解的聯絡人。
2. 寫下你知道有關這些客戶的價值和偏好，然後再寫下他們因為這些價值和觀念所做之事。
3. 寫下其公司的文化是甚麼，以及有何徵象說明這種文化的存在，然後寫下這間公司現行的舉措中，有哪些可能在未來造成策略性挑戰？

欲下載本章所附工作表，請上www.eattheirlunch.training。

第六章　創造契機

有時候契機的創造，是在目標客戶經歷某些事件後，原本的「夠好」已經不再夠好的情況下所產生。前一章給你一種新的方式，以深入、更全面的角度看待你客戶的公司營運和其挑戰與機會。你挖掘的越深，越能看見其他業務員看不到的事物，也是你大部分客戶看不到的盲點。當你有更深的了解，能讓你問出有別於一般業務員水準的問題，讓你在競爭性替代中就位，讓你成為一個能看出改變的必要性並且知道該做的動作以及如何進行的人。

發展更好未來的願景

除非有一個好的理由，不然沒有人會自己想到要做改變，即便有理由，還是會有人仍拒絕改變，直到他們被某些外在事件所驅使。當你幫助客戶構築了更好的未來願景時，你也告訴他們各種可能的狀況並且協助他們了解要如何達成，這讓你成為改變的促成者，也是契機的創造者。

客戶通常會問你：「我辛辛苦苦做了改變，能得到什麼樣的成果？我的未來看起來會是怎樣的？」

建立這個策略的方式是去定義客戶的目前狀態、預計達成的未來狀態及讓客戶由現狀走向更好未來狀態所需要的解決方案。我們拿上一章結尾時提到一位利害關係人試圖將失敗部門扭轉乾坤來當例子，你跟客戶的對話可能是這樣：

現狀：「目前的現狀就是你想要贏得新業務卻事倍功半，是因為你的儀器太老舊過時，無法產出客戶現在所需的結果，而其他使用較先進科技的公司，則有辦法產出更好結果但訂價更低，導致你的市場佔有率被侵蝕。部門狀況不好，導致你的團隊害怕可能要縮編人員，甚至部門是否還能夠存活下去。」

未來狀態：「你會有新科技讓你可以產出更高品質的產品，但以同樣價格甚至更低價格與你的對手競爭，你的團隊已受過新設備的相關專業訓練，有足夠技術可和任何時間場合與任何人競爭，你的行銷和業務部門也有能力協助你贏回失去的客戶並同時創造新的機會。」

我們列出了現況跟未來，如果你可以接著建構出清晰而有吸引力的解決方案給客戶，那麼對於提升你的優勢會很有幫助，雖然不一定總是可以輕鬆做到。作為價值創造者的挑戰是，給不出建議就絕不可能進一步成為可信建議者，但是提供建議有其背後風險，因為你教導了客戶如何思考、如何邁向未來狀態，結果可能是客戶不想自己動、想要你來帶領執行解決方案。又或者有一種可能是，客戶把你的整套解決方案交由你的競爭對手來協助他們。這些都是你玩這場遊戲所必須承擔的風險。

解決方案：「為了達成這些結果，我們會導入XO348技術，可以把生產速度提升到最快，達到最高的產出品質，並且將單位生產成本降到最低。我們會訓練你的團隊如何使用這項新科技，同時也和你公司內的行銷業務團隊諮詢合作，除了在舊有客戶中創造機會以外，也會以公司的新科技面貌來開拓更多新的未來客戶。」

你最後給客戶的簡報很有可能就會是這樣子來呈現，這是當你創造一個契機時必須要有的對話，然後你需要把這個對話收斂集中到一個主題：「現在進行改變你認為合理嗎？如果要做改變，我們能得到各種必要支援嗎？」

你要如何達到這個階段的銷售對話？你要如何得到清楚定義的未來展望？

首先，你要分享從你的角度看到的現實、從你的眼睛看到的客戶現況，以及你過去協助其他公司的經驗中任何能夠有幫助的資訊，同時你也需要提問題，從客戶聯絡人的回答中，一點一點的建構細修可行方案。

於是你得到一些初步的想法，「我整理一下我們談到目前為止的想法，我認為進行目前討論的改善計畫，可以提升你的生產能力，使產出增加約一五%，也不會再因為需要重工而導致加班。你的看法如何？」

在這裡詢問理想客戶有關未來潛在結果的想法是有理由的。我分享我對預期結果的想法，也分享了客戶在這份投資上所能得到的報酬，旨在讓客戶用自己內部的算法去發現這份解決方案的價值遠遠高於我方的估計，意即我不用我們相對保守的數據來說服促成這個案子，而是用客戶自己算出來的投報率。當然你也會有另一種客戶，告訴你他們看不見你所描述的未來、他們覺得達不到這個成果，在這個情況下你需要做更多事來繼續推動，你可能會說：「那你看見了甚麼？」

你跟客戶能一起合作是很重要的事，描述完未來狀態之後，一樣也很重要的是討論如何走到這個未來狀態，你需要邀請客戶進入合作對話，像是：「我認為其中一種可以達到結果的方式，就是把部分儀器汰舊換新，並改變你的啟動程序。讓我知道你的想法，我們也要討論如何用對你跟你的團隊都更好的方式來進行。」然後你可能得到的回答是：「我覺得這方法聽起來非常正確、非常適合我們。」或者你可能會聽到：「我不是很確定我應該要怎麼去做這個改變？」在這種情況下你可能需要再問一遍。然而，你很有可能就會聽到客戶說：「改變啟動程序會把我們搞得天下大亂，光用想的就問題一大堆。」下一個跟進的問題就會是：「那我們要如何才能達到我們預想的成果呢？」

這是一種有效的好方法，但因為我們討論的是競爭性替代，我們需要走得更深，因為我們知道如果沒有一個夠吸引人的理由，你的目標客戶是不會把長期合作夥伴撤換掉，你需要給客戶這樣的好理由。我們來看如何讓這個理由更具吸引力。

如何擴大增益？

在討論的過程中，你會說明客戶改善後的預期績效增益，也就會看到現有產出成果和更好的未來預期成果之間的差異，這個增益差異越大，進行改變的需求感就越強烈，你同時也會說明不採取對應行動會有什麼樣的隱含後果，來加強客戶推動改變的想法。

尼爾・瑞克門（Neil Rackham）所提出的理念大大地影響了銷售領域，它對「推進」的概念，也就是在一趟交易過程之中所能得到的各種承諾，是《成交的藝術》一書的催化劑。在這裡我們使用瑞克門的《銷售巨人》書中提到，競爭性替代中的另一個重要概念，「不進行改變的隱含意義」。

即便應該改變的理由容易了解和明確，但仍難以讓許多人下定決心進行。在這些例子中，你要透過處理「不進行改變、留住現有夥伴」所帶來的各種隱含意義，來發展一個更具吸引力的改變理由。你當然可以在每個交易上都練習這種方法，但是你要小心不要玩過頭。當你的語彙過於直接，你可能會使對方產生防衛心、讓它們更難做出改變，或降低他們和你合作的念頭。話說回來，客戶在你未來協助下的預期成果，要能夠大於目前在你的競爭對手協助下的產出現況，你務必力求這其中差異越大越好，當你的結果遠遠超出競爭對手，你便讓客戶產生動搖、很難再留住目前的合作夥伴。

整套的說法聽起來可能是「我們來用產出率增加一五%及目前的加班費用支出，來做一些簡單試算。第一年的投資支出是二十二點五萬美金，所帶來的產出增加一五%，也就是營收增加大約價值二十五萬美金，而拿去年的數據來參考，省下的加班費用支出大約價值十六萬美金。我們的解決方案在第一年便可以讓你的獲利提升四十一萬美金，扣掉第一年的投資支出，這筆投資在當年的價值是十八點五萬美金，隔年則是完整的四十一萬美金。在未來三年期間，這個解決方案的價值會超過一百萬美金。」這樣就是在告訴客戶不進行改變，所隱含的意義是會直接導致營收損失至少一百萬美金，這是一個讓客戶現在就想採取行動的強而有力的理由。

同時還有不好量化的軟性成本，也就是間接成本，辨識軟性成本可以幫助你建立更大的增益範圍，使現有狀態和未來狀態差距看起來更大。在一直重工造成加班的例子中，加班所耗費的時間我們剛剛已經算進去了，但是還有可能是，客戶必須拒絕別的利潤更高的案子，因為已經處於滿載、沒有接下新工作的空間。這是你可以評估到的其中一個軟性成本。其他的軟性成本可能是，頻繁地重工導致失去關鍵客戶，或者公司正在流失對於加班時數感到無法接受的關鍵團隊成員。

我不會比你更清楚你的公司或你的客戶，但可以確認的是每間公司一定都會有某些沒有注意到的軟性成本，辨識並量化這些軟性成本可以將不改變的隱含意義方法加以延伸，並擴大對手產出結果和你提供的更好未來結果的增益範圍。

這裡要提醒一下，你的競爭對手很有可能馬上開始回應你的挑戰，企圖跟上你的腳步，開始做一些在你出現以前早就應該做的事情。這會導致你需要進行一些令人不快的對話，但你通常很難直接攻擊你的競爭對手，指責他們在你出現之前就沒發現或不願意做好該做的事，那他們現在也可能不知道還有多少應該做的事。或許你有更好的方式是說：「我們期待在這個專案上成為你的夥伴，等我們完成手邊的工作之後，我們還有其他三、四種想法想要和你分享討論。」我們無法保證客戶不會給你的競爭對手第二次機會，把你教給他們必要的改進轉告給你的對手，但我的經驗是就算再給他們幾周的時間，只要其中一個前景讓他們決定改變，客戶終究會改變。

發展小型契機

有時候開始競爭性替代的方式是辨識並追尋各種小機會，可將你從「業務員」的狀態轉變成一個「夥伴」，並且使你的公司從拜訪客戶，變成收費替客戶服務的公司。這可改變你的狀態並讓你更靠近需要創造替代的人。

本書把焦點很單純的集中在搶走客戶，也就是摒除你的競爭對手並取代它們的位置。你也知道要讓一位根深蒂固的策略性夥伴離開有多困難，即便他們正處於掙扎或者自滿中。如果誠實面對自己，其實你也知道自己某些客戶正暴露在要被你的競爭對手獵走的狀態，但客戶為了避免轉換成本而選擇繼續和你合作（要引進新夥伴並把你踢掉需要耗費太多時間）。雖然我想看到的是你搶走競爭對手的所有生意，但發展小型契機也是一個方法，可以讓你先取得一個立足點再隨時間慢慢擴張。

我參加過的第一場銷售訓練中，我們五十位受訓者都做了角色扮演的練習，題目要求是向客戶的區域經理尋求訂單，情境的設定是，客戶的供應商由於工作進度落後，原本預計的訂單無法如期完成，他們需要有其他供應商協助未完成的訂單。

當輪到我上前和區域經理進行角色扮演時，我要求的是客戶手上全部的生意，我說：「你現有夥伴對處理你的訂單明顯力有未逮，我們有提供你所需人才的能力，我希望可以簽約成為你的最大供應商。」這樣說確實很大膽魯莽，而我的訓練也沒有給我這樣的指示，但我之所以採取這個方式的原因是，這是我的經理和我每個星期都在做的事，結果是這個方法幫先前苦於業績不好的分店提升了十倍的營業額。

區域經理拒絕，我更用力地繼續推銷我的合約，她又拒絕，我就再繼續，我以為我是努力在贏得這場意氣之爭。她要求暫停並把我拉到一旁說：「我知道你現在的想法，我知道這對你來說很有用，但它不一定總是會成功，有時候最快的方式是不管訂單大小，先拿到再說，把它當作打進這個客戶的敲門磚。」我當時被「贏得交易」的心思纏繞住，以致切斷所有其他可能性。在我之後的職涯中，她建議我的這個策略幫助我取得訂單、取得與客戶合作的門票，接著贏得客戶信任，製造競爭性替代的機會。

在我經手過的一次真實交易中，我拜訪過某大型零售商的配送中心，當時的狀況是他們美國兩間大型公司合作，但沒有任一個合作夥伴能夠提供他們所需的結果，而他們想要再加入另一個夥伴，他們並不考慮將其中一個夥伴替換，因為他們認為如果這兩間最大的供應商都無法達成，那應該也沒有人能夠做得更好了。

我最後同意以支援的方式加入，單純彌補其他兩間公司無法履行的訂單，他們讓我有進出公司大樓的權限和接近所有利害關係人的管道，我開始每天在去辦公室途中先到他們公司，以確保我們產出結果沒有問題，這種方式讓我可以多花時間在利害關係人上，和所有可以參與制定合作決策的人發展關係。第二年，我的公司成為主力供應商，到第三年，我們變成唯一供應商，只在需要的時候委託其他代理商處理，但整體專案仍然由我們公司主導。

這裡的關鍵教訓是，有時候機會的出現，只是很單純的一筆訂單。

有些公司的營運模式中，會保留許多供應商，他們認為經過證實有效的萬用法則是冠軍挑戰者模式，也就是客戶會把一定比例的業務分給你，也就是挑戰者，作為對目前冠軍的一種防備措施。其中一間得到比例較多的生意（冠軍），另一間得到較少的供應商則是挑戰者，而這些公司發現，在擁有兩間互相競爭的供應商時，公司績效表現是最好的。這個方法很常見，因為它讓公司可以在冠軍狀況不佳、開始自滿或者無法達成公司需求的時候，將生意轉給挑戰者那一方。

我在這裡提到這個策略是有兩個原因，第一個原因是，如果這在你的產業是一項慣例，你可能沒辦法完全替代你的競爭對手，但你可以小有所得並得到一個新客戶。到最後，如果你夠積極、努力發展你的大腦佔有率，你可以成為策略中的冠軍並擠下競爭對手，讓它們擁有較小部分的生意。第二個原因是，我曾看過業務員成功地使用這個策略，即便在他的產業中很少見。這個策略與得到小型契機的不同點在於，你追求並得到的是極大比例的生意。你不向客戶尋求一筆訂單的機會，你要求承擔公司整體業務的一定比例，當現有供應商未來可能發生失誤的時候，你就是避險方案。

我想要挑明的是，這個策略需要考慮周全，如果你的心態只是想要免去創造完全競爭性替代的所有辛苦工作，那這個策略一樣不合你用。因為這個策略要能成立，可能是客戶所有的需求本就無法由單一一間供應商來支應，又或者是客戶的營運狀況及風險使得它們必須使用多間供應商。如果狀況是客戶必須利用兩間公司，而且你並不是要徹底放棄完全競爭替代，那麼這個策略對你來說才是可行的，千萬不要只是因為你以為這條路比較好走而使用這個策略。

朋友的喪禮

要開除和你曾有過長期合作關係的人並不容易，你的競爭對手和你理想客戶的公司有著長久合作的關係和歷史，以前也有不錯的結果產出，可能因為一起處理問題或挑戰，漸漸發展出革命情感，或者雙方私底下也已經有一些友誼存在、偶爾會有私人聚會。長久的過往合作歷史讓你的競爭對手夠了解客戶，雙方溝通順暢無礙，彼此也都知道怎麼樣讓事務順利運作。

因此，要用新夥伴，也就是你，來取代這些長期穩固夥伴，伴隨而來的就是轉換成本，首先，你的客戶必須先給你上一堂簡介課，說明有關他們公司的一切，即便你和業內的類似公司合作過，但你知道每個客戶有他們自己的特性要重新學習適應。第二，他們有自己的公司文化、溝通方式及偏好，也有辦公室政治、各派系試圖影響決策來增加他們在公司的地位。第三，你還是個無名小卒，你可能可以產出你所預期的結果，也可能做不到。在你之前的其他人都試過也失敗了，因為他們不了解如何和客戶公司合作，在客戶眼裡你跟前面那些人其實沒有太大差異。

有時候你夠幸運的話，可能會遇到你的客戶對合作夥伴很不滿意的狀況，當下他們就願意並準備解除現有夥伴的關係。然而，更常遇到的情況是，他們會願意再給現有合作夥伴一個改善的機會，就如同當他們無法呈現讓自己客戶滿意的成果時，也會希望客戶再給他們一次機會。這讓競爭性替代變成一場專業的耐力持久戰。不要懷疑，要把合作很長一段時間的夥伴剔除本來就是很困難的事，尤其是當客戶跟現有合作夥伴私人關係非常好的時候更是如此。

而當你的談話中出現競爭對手的負面說法，會讓這個持久戰更加難打，因為這樣會導致客戶覺得需要幫他們的現有夥伴說話。請記得，當初就是他們選擇了你的競爭對手，在過去某些時候他們確實在工作上有過好表現，你必須小心在評論競爭對手的缺失時不要說過頭。事實上，你可以用旁敲側擊的方式，例如敘述過去跟現在的事物有怎麼樣的改變、現在的生意不好做、他們的商業模式會需要花多大力氣才能達到相同成果，然後同時也要提及你相當尊敬你的競爭對手及他們的努力。要扮黑臉告知你的競爭對手即將要被替換不是件簡單的事，而你可以提供客戶詳細見解，告訴他們為何無法產出所需結果，來讓這件事變得容易一點，完全不需要任何一句關於競爭對手的壞話。

許多的成功銷售都是由競爭性替代所成就，而這是從創造契機開始的過程，不論這個契機是小型機會或是全面替代。

現在就這麼做：

1. 列出你現在追尋的機會清單。
2. 寫下它們的現況、所需的未來狀態以及要如何做才能消弭兩者之間的差異。
3. 寫下為擴大增益範圍你所需要的事物，讓改變的需求性更高且對未來客戶更有價值。

欲下載本章所附工作表，請上www.eattheirlunch.training。

第七章　建立水平與垂直共識

不論你在早期銷售活動中和誰互動，你都需要讓大家對於進行改變以及把你視為正確夥伴的這些事情上達到共識。首先你需要辨識出制定改變決策的關鍵利害關係人是誰，然後你需要創造出對你、你公司和你的解決方案的偏好氛圍。

辨識利害關係人

我們常把「利害關係人」掛在嘴邊，但往往都沒有加以定義清楚，且常不去考慮這些人究竟是誰。我們使用這個詞來指稱任何會被改變決策所影響的人，多數狀況下會限縮到我們以前所定義的「決策者」以及「被決策影響者」。當我們找到有人對我們的最終目標有幫助時，我們往往會傾向於相信我們的「教練」、「冠軍」或「有力贊助者」足以這樣一路帶領我們邁向目標及最後勝利。我們在這裡則要更深一層地探討摒除競爭對手的策略思維。

問題執行長：

長久以來，別人都告訴你需要去找公司高層才有用，你也被教導要從組織的高層開始著手，取得「有力人士」的支持，以及運用這個人脈將你推進組織裡。雖然有時確實可以成功，但事實上你並不是真的那麼需要見到高層主管，況且你分享的內容不見得總是能提起高層的興趣（話說回來，真要這樣做的話，你運用本書第一部的方法應該會有更好效果）。

不過，確實有這麼一個人會與你試圖推動的關鍵改變有很大關聯，由執行長責成他監督公司成果產出，而且高層信任並授權這人在權責範圍內做出決策，這個人便是我說的問題執行長。他是在組織內與你想做出的改變，有直接相關的最高層級主管，他們擁有預算裁量權，而即便在某些決定上還是需要更高層主管簽認同意，問題執行長還是對任何作出的改變有著掌控權。

執行長不會和技術長或資訊長參加一樣的工作會議。執行長雇用這些專業人士並信任他們會做出良好決策，因為他們有更高的領域技術專業。而技術長或資訊長也有其信任的資訊科技主管來協助做出特定決策，也因為他們授權給這些再下一階的主管，他們可能無須和潛在夥伴直接進行會議，並將決策留給為產出特定結果負責的人。

我們再更清楚定義這個人：對於你所能帶來的產出結果最感興趣，同時負責確保這個結果能夠達成的人，就是問題執行長。你必須要確保你清楚辨識這個人是誰，而且越早接觸他越好。

終端使用者：

這是實際使用你所販售的產品或服務的利害關係人，他們更關注於第一層級和第二層級的價值。

請謹記以第四層價值進行銷售並不代表為了將第四層價值置於優先，而犧牲了其他價值。第四層價值中也包括了以低層級所創造且可以讓你創造契機的價值，而在你目標客戶的公司裡也仍有部分人是非常關注第一層級價值的，事實上，如果競爭對手的產品或服務所能製造的結果欠佳，身為終端使用者的利害關係人可以是你開始對話的絕佳對象，因為透過了解他們所面對的挑戰，在你接觸組織高層的時候，你能塑造出更寫實更有力的改變理由，況且能夠擁有終端使用者的支持，也會對你有不少幫助（記住，在交易的路上，沒有哪一條道路可以說是絕對正確，如同你該從組織最高層開始或該從基層開始接觸一樣，沒有定論）。

終端使用者將會是你直接協助產出更好結果的的利害關係人，你帶來的改善是要讓他們的生活變得更輕鬆。在沒有他們的參與下得到的決策，不僅可能缺乏實務可行性，甚至會被這些利害關係人強力拒絕，因為你的討論過程跳過他們並將其排除在外。

輔助型利害關係人：

這些利害關係人不會直接使用到你所銷售的產品或服務，但會在某種程度上被影響到。他們可能是資訊科技部門，或是財務、會計或人力資源部門。他們需要你把他們第二層級價值的各種需求納入考慮。

你可能不會和你理想客戶的會計部門直接合作，但如果你不能滿足他們的會計帳務處理需求，你可能會發現他們可以讓你走的很辛苦才能贏得他們的生意。你的競爭對手已經知道如何服務他們，而你還沒有，這代表你在他們眼中代表的是「更多額外的工作」。

更多的狀況是，許多解決方案都需要技術面的協助，所以即使只是像開放入口網站存取這類的簡單工作，這些輔助型利害關係人也對於選擇他們合作的對象很有說話的分量，他們通常也擁有很大的影響力，因為他們的技術專業，讓他們提出來的論點對於其他人來說不易理解。他們也可能因為資源不足而對任何改變行動有所推遲，因為他們手頭上要處理的專案量已達到部門的最高負荷量。

這類型的人需要你成為一個容易合作的人，但如果你不了解他們的需求及背後理由，是做不到這件事的。

管理階層：

這個層級的利害關係人要求的是更好的成果，他們的問題要能有效地獲得解決，而且除了這些成果之外，他們還需要一位夥伴。他們最關注的是第三層級的價值，但在許多時候，他們也會關注第四層價值。第三層價值提供這些利害關係人投資上的回報，或者是我們在先前所提過的經濟價值，他們也尋找具第四層級價值的夥伴，能夠創造策略價值同時擔任可信建議者的銷售專家。管理層級的利害關係人不僅尋求現在，也追求未來的更好結果，因為這是他們的責任，他們也會保護員工不在第一及第二層級上失敗，他們會除去阻礙其表現的絆腳石，確保團隊能順利運行。對於現有結果的不滿意感會慢慢在這個層級浮出水面，有時候甚至會再上達到領導階層。

領導者：

這是你的洞見及見解最使得上力的地方，這些利害關係人需要第四層級的價值，他們需要策略性思考及高可行性見解，他們作為執行贊助者提供你來自高層的支援，且有權利做合約簽署的最終決策，這間公司要跟誰建立合作關係的決定權就落在這個層級。這也是本書最主要設計來協助你接觸並說服的一群利害關係人。

你的見解、想法、情境知識，以及你對於自身產業和客戶產業之間交集的深入了解，讓你成為客戶有興趣見面的人。如果你的知識夠深、觀點夠廣，可提供領導型利害關係人在策略行動上的協助（或直接為他們創造一個），你的地位將從業務員轉換成可信諮詢者。

為在複雜的利害關係人脈絡圖與達成共識之路中取得較清晰的視野，我們需要再透過另一種角度來觀察，就是個別利害關係人的個人屬性，讓我們能有不同選項。

特質：讓主觀變成客觀

要理清楚你的利害關係人脈絡並在建立共識上決定可行選項，你必須要讓某些主觀特性變得更客觀。

我曾在一個研討會聽到一個與會者說，人類只會基於證據做出理性、客觀的決定。我則認為事實恰恰相反，人會做出情緒化、不理性的決定，我的這個說法導致在場更多相反意見的拮抗，如同這位先生堅持認為我是錯的。所以我問他選擇配偶的時候，是用了哪些特質條件篩選和什麼樣的試算表，他思忖著找出爭辯的說詞，然後他回答，「是她選擇了我！」我說，「所以她是做了一個不理性的決定，還是她也用了某個試算表來進行選擇？」每個人都笑了，但是那位先生還是堅持己見。

在午餐時間，研討會提供三明治給所有與會者，至於我的「理性」朋友走過我身旁，手捧著三明治好像是某種賞賜一樣，他看著我然後說：「我正在進行原始人飲食法，所以其實我不應該吃這塊麵包，但是我真的很想要吃這塊三明治。」他對我微微笑了一下，知道他的決定一點也不理性、不客觀，我很確信這不是第一次或者最後一次他做這種決定。

這裡提到的所有特質都是主觀的，即便我們可以找到證據來評估他們。雖然我們同意「內心的地圖不等於真實的疆域」這個概念，但我們會試著讓這些特質看起來像是客觀的來幫助我們討論。我們只是將利害關係人的某些特質分類，我們就可以更清楚地討論，在透過發展關係讓你摒除競爭對手的過程中，你有什麼選項（不過這節的內容肯定會對你在任何交易過程都有幫助，不論這個契機是如何取得）。

在我們開始對利害關係人的特質評分時，你會發現不需要非常精準、只要大方向正確即可。當你在利害關係人之間互相比較的過程中，你會陸續調整你每個評分的方向，並慢慢知道哪些人可以對於你的目標有幫助、哪些人會是你的阻礙，同時也對於你的各個選項可以看得更透徹。

價值觀感：

利害關係人對你的觀感如何？他們相信你能創造哪個層級的價值而他們需要你創造的又是哪個層級的價值？他們需要的跟你能提供的價值之間是否有落差，你可以怎麼做來改善這個觀感？

我們從價值觀感著手是有原因的，因為如果客戶不認為你可以創造比現有供應商更高的價值，那你會非常難以說服客戶和沒有合作經驗的你合作。

我最常被問到關於第四層價值的其中一個問題是，你是否必須要一路從最低層級慢慢走到這個層級，還是我可以直接從第四層級開始？在競爭型替代中，你必須直接從第四層級開始，這是我說你必須從右邊進入對話的原因，如果你想要從無到有地創造改變的強力理由，你必須從這種高層級價值進入。確實，終端使用者會非常關注第一層價值，你想要獲得他們的支持，也許只需要證明你的產品或服務能有更好成效就可以了，但是當你往組織圖上層移動時，你就會需要創造更高價值來贏得上層利害關係人的心，尤其是管理階層或領導階層。

這裡我們依據聯絡人的價值觀感，以一到四級來把聯絡人分組，好建立你整體的大方向（請記得這是地圖、而非疆域）。

參與程度：

利害關係人在過程中參與或不參與？他們是否有會和你會面？或者跟你分享資訊？他們是否願意合作？

要創造一個贏得競爭對手現有客戶的契機，你需要這個客戶公司裡的利害關係人和你一起參與改變的過程。這代表他們會願意分出一些時間給你，願意和你分享資訊。他們會排定會議、進行簡介，並同意做到《成交的藝術》書中提到的十項承諾，這些承諾包含了時間、探索、改變、合作（包含交換資訊）、建立共識（也就是同意讓你直接接觸到可參與決策的其他團隊成員及其他領域的利害關係人）、進行投資、檢視解決方案及解決疑慮。

參與度高的利害關係人基本上就是會真正和你一起在改變的過程中努力。你看待這個特質時要特別留意，因為我們會很容易相信利害關係人直接參與程度越高就表示結果會越好，但並非永遠如此。能不能有高參與度的支持者確實是關鍵，他們會協助你往目標更加邁進。但是如果是高參與度的反對者呢？也就是高度參與過程，但是對你創造的價值認知度低，且相對來講比較喜歡你的競爭對手，你很快就會發現，這樣的人對你來說反而是種阻礙。

你可以將聯絡人由一到五評級，一代表「很少參與」、五代表「高度參與」，而之間的分數代表參與的部分程度，當我們以為高度參與的利害關係人看起來很有利時，參與分數為五（高度參與）而喜好程度為一（代表他們支持競爭對手）的人反而代表是難搞的利害關係人。所以你在了解每個利害關係人之間的差異的時候，其實同時就是在檢視他們的個別分數，先設定一個數字，當你了解利害關係人之間的不同後，再來修改。

被促使改變的程度：

維持現狀的心態永遠是非常難以應付的敵人，不論理由多麼強而有力，總是會有人對抗或拒絕任何改變的行動，創造契機需要你去贏得這類人理智與情感上的支持。然而也會有另一種人對於改變有著積極的心態，這類利害關係人對於創造契機和做出真正改變上非常重要。

我們現在做的事情，是讓你決定出誰真正想要執行這個改變，並且願意努力推動執行，這是個強烈希望公司狀態比原本還要好的人。我知道有些模型會告訴你有一個可以促使組織改變的人，可能給他取一個「教練」、「冠軍」、「贊助人」或「有力贊助者」的代號，或者如我在顧能CEB公司的朋友們所寫《挑戰性顧客》（*The Challenger Customer*，暫譯）書裡用的詞彙「動員者」。這些別名都很好，但是我們需要更進一步，我們不只看單一一個人，我們要把利害關係人都列出來好好端詳。

被高度促使改變的人，對於移除現有供應商更容易被影響、被說服，他們被促使的程度越強烈，對於替代就越有幫助。但是反之亦然，這類人如果對改變的前景越不看好，就越容易產生反對情緒。要了解這些動因和你的選擇，你需要同時把不同特質的分數列出考量，因為每一個單一特質只能告訴你整體狀況的其中一小部分。有的人可能被高度促使要進行改變、也有高參與度，但偏好的卻是其他公司，也許他們曾和這些公司在過去合作過，而且樂於開除現有夥伴，但是因為對於你和你的公司沒有偏好感，所以還是會有拒絕心態。這就是為什麼你不能讓單一特質主宰你的思考方式。

你可以使用同樣的評分方式，從一代表全然對抗任何改變，到五非常希望改變以至他們無論如何都會同意改變，而三的則是中立態度。

授權程度：

在分析利害關係人地圖上另一個你需要考慮的因素是，該利害關係人被給予多少程度的授權，以及他們是否願意使用這個權力。你需要這些人，尤其是當他們擔任領導階層時，來為你的契機提供支持，並協助你對抗內部和外部威脅。

你可能聽過為用來衡量未來客戶的BANT法則，透過確認聯絡人的資金預算、授權、需求及時間來評估。這個辨別客戶資格法則的運用，據我所知已行之有年，但有太多案例出現客戶沒有預算（ＢＡＮＴ裡的Ｂ）的狀況，但如果有出現夠吸引人的理由，他們仍然可以進行投資。也曾有過如同你在本書的第一部分所學到的，公司及員工的需求（ＢＡＮＴ裡的Ｎ）還沒有被認知到。而對於我們許多未來客戶來說，在四月進行改變和在三月沒什麼差別，雖然對你來說越早開始一定越好，但其實時間（ＢＡＮＴ裡的Ｔ）對你的客戶來說並沒有那麼重要。

於是我們現在剩下ＢＡＮＴ裡的Ａ：授權。這個概念預先假設有一個人擁有決策權，可以決定公司要跟誰簽下合約。沒錯，的確是會有一個簽字人，但是那個人可能不是自己做決策。在現在的時代中，決策是以更民主的方式而生出，因為許多領導管理者偏好透過共識而非上對下的命令或控制來作成決策，他們希望員工運用行動力和各種資源來解決他們的問題，他們也希望員工對於執行改變的決定同樣要有認同感跟責任感。

話雖如此，你仍需要高層支持，而你會需要知道誰會是合約簽字人、誰是採購委員會的成員，以及決策如何作成。你也必須對員工擁有組織內多少正式的授權納入評比。如果你不把這些擁有發言權的人拉進來，讓他們同意與你一起向前邁進，你可能無法創造出替代的機會。

你的客戶公司執行長在授權的分數有五分，但是問題執行長的分數也可能是五分，尤其是問題執行長在是否更換供應商、解決方案的形式以及誰會是未來夥伴這些事務上仍有最後決定權。

在你思考有關其他利害關係人的評分上，可以先考慮下面要討論有關影響力的部分。影響力是另一種授權與權力的形式。除非你仔細注意看，不然並不容易看出來，而為什麼沒有正式職權的利害關係人卻有超出職權的權力？我們接下來就要來看。

影響力：

影響力和授權類似，只不過影響力是無形的，和職稱頭銜毫無關聯，而你也無法從組織架構圖或LinkedIn的個人資料上看出來。影響力是基於某個人對於你所銷售的產品或服務，以及有關改變上的重要份量，這個特質能決定員工要跟隨誰來引導他們的思考及信念。

每家公司都有領域專業人員，他們在影響力的分數上是五分，你可以從會議中看出這些人是誰，因為他們通常會提出很多問題，並可對他們想要的暢所欲言。你也可以看出同事一直問他們問題、在一些決策的過程中極為仰賴其專業。這類有影響力的人你看出來了，但另外一種可能會很難辨識出來，他們會安靜的坐著、不說一句話、也不會表明態度。但是在幕後，他們的實際作為會讓大家知道他們的偏好、也會認真看待他們的想法。有一個辦法可將這些利害關係人亮出真身，便是邀請他們在會議中分享觀點，讓他們必須要說出一些想法，你也可能需要請參與度較高的利害關係人幫助你更清楚瞭解這個人，好讓你知道如何才能進一步接觸他們。

高影響力者可以是有力的盟友，也可以是強大的對手。安靜的影響者可能在背後破壞你，或者直接公開表示反對你和你的公司，即便你正和他們共同坐在一個房間裡開會。我曾遇到一位影響力高出其被授予權力的人告訴我，我們公司的開價太高，不是一個好的生意夥伴，她已經決定要和另一間較低價的公司合作，因為她認為我們創造的價值不足以對應我們要求的價格，她下了很多功夫確保另一間公司會得到這個案子，她的影響力之大，直到她離開公司，客戶公司才雇用我們進行原先提案的工作。

影響力也是一種你必須小心考量的因素，沒有正式職權的人也可能有強大的影響力，你的風險在於你可能會忽略這個人，因為你看不見權力的外展表現，可能會看不出他們擁有最大的權力，甚至可能比會議室裡有正式授權的人還要大。

另一個我曾參與的交易是，一位利害關係人非常不開心且經常大聲抱怨，所以我們清楚她的影響力比其他同事來得大。她部門的花費也比其他部門來的高，雖然她欠缺正式的授權，但贏得她的支持足以確保我的小公司能打敗其他世界上的大型公司、獲得她的生意。因為我們知道她的影響力，肯花時間在她身上，而對手忽視她的需求（這也是創造改變的充分理由），也因此我們成功把競爭對手的生意搶過來了。

高影響力的分數為五分，而沒有影響力的分數為一分，至於其他分數在你將利害關係人中做比較時會自己呈現出來，總是會有人說：「如果喬在影響力上有四分，那麼珍就是五分。」如果你想要在影響力上避免犯錯，那麼你對待每個人、從守衛到執行長都要予以尊重，假設他們擁有更多你看不見的影響力，如果你的媽媽這樣告訴你，那麼她當時是對的，現在還是對的。

偏好：

這並不是一項很好評分的因素，但如同其他的因素，這也很關鍵。這項因素是測量利害關係人當下偏好和誰合作。

許多利害關係人會直接挑明著說他們想要和你合作，這讓五分的高分成為明確的評估標準。還有其他人會以文字或契約的方式告訴你，他們屬意其他人。而還有某些人不會給你任何提示線索，為了找出他們的偏好，你需要直接詢問他們或是詢問那些已經被促使參與改變並且偏好和你合作的利害關係人。

還是要再提醒，這些因素其中任一項都只能提供地圖的極小一部分，有些人比較偏好你，但他們沒有影響力或實際授權，你也可能遇到具高影響力和授權的人對競爭對手有強烈的偏好，他們可能會努力保護其偏好夥伴不被摒除，而你也應該瞭解你確實有可能遇到這種狀況。也許他們認為現有供應商是第四層級的價值提供者，一旦你將利害關係人的這些特質加以評級，你會發現一些你從未見過的事情。

建立共識工作表

利害關係人	職稱	角色	現有價值層級	目標價值層級	偏好	參與程度	促使改變的理由	授權	影響力
珍・瓊斯	副總裁	問題執行長	第一層級	第三層級	5	4	1	5	5
約翰・強森	董事		第三層級	第四層級	4	4	4	2	4
湯姆・麥卡錫	資訊部主管		第三層級	第三層級	3	3	3	2	3
史帝夫・阿南德	營運經理		第二層級	第三層級	2	3	2	3	3
布萊恩・哈里斯	營運長		第一層級	第三層級	1	5	1	3	5
蘇・史密斯	財務長		第一層級	第三層級	3	3	3	3	3

盟友、阻礙者和對手

當你將所有潛在利害關係人都列出來評分了，我們就可以開始依據他們的特質把他們分成五種類型，你可以加以辨識並對你建立共識的策略做出正確決策。

盟友：

相較於他們現有供應商，盟友更偏好你和你的解決方案，他們在過程中高度參與，而且他們對於你創造的契機有著龐大的影響力，他們的背後也有極強大的動機促使他們推動改變。

如同一般的策略，你想要盡可能在過程的早期階段找出更多的盟友，這是建立替代現有供應商共識的一個好的開始，因為當你漸漸深入這個過程，你才能利用共識建立一股動力，讓改變供應商的行動難以阻止。所以我們要問這個問題：「誰會支持我們所建議的這些改變，而我們何時可以把他拉進來對話中？」

潛在盟友：

潛在盟友對於改變現有夥伴及參與過程的立場是中立的，他們可能只會因為某一位你的盟友要求他們參加，才會出現在會議上，但是他們會受到潛在影響，他們具備一定程度的影響力，而他們可能對於改變有些需求，但他們仍沒有促使行動的強烈期盼。

你需要和你的盟友討論有關潛在盟友的事，請求你的盟友協助找出誰最有可能支持你。未到整個過程的後段之前，你都應該要先避免將與你目標對立的人拉進來參與。

中立者：

有些利害關係人在董事會是採中立角色，他們傾向為輔助型利害關係人，在移除你的競爭對手轉而僱用你這件事上，他們不會得利也沒有損失。但是他們的存在仍然有其必要，而且增加他們在其他因素上的分數仍是有幫助的。你也需要避免增加他們對你的競爭對手的偏好，或者導致他們拒絕改變的事情發生。

阻礙者：

阻礙者偏好於你的競爭對手，他們在過程中不隨便參與，有高度影響力且對改變不感興趣。不過有時候，儘管你不一定願意，你必須提早將這些人帶進銷售對話，他們通常是領域專家，擁有大量專業知識和經驗。如果你確認他們偏好你的競爭對手，你會需要把他們排除在對話外，直到你擁有強大的支援防火牆。

反對者：

反對者偏好其他人及他們的解決方案，並對過程有所參與，具有超高影響力，可能對改變興趣缺缺，或者極想要改變，但偏好由其他人來取代其現有供應商，這些人是正面反對你的一群人。

你可以用兩種方式的其中一種來處理阻礙者或反對者。第一種，也是我比較偏好的方式，是將他們孤立開來，盡可能拖延時間避免他們太早參與過程，並盡早形成更多共識。當你開始和他們交手的時候，你已經建立起來的動力導致他們缺少阻止替代發生的力量。這種方式的風險在於他們的高影響力以及組織內的深厚關係，可能導致其他人轉投他們的陣營。

第二種方式是在過程早期與他們交手，提早將他們帶進過程中可使他們的議題浮現，並討論為何他們反對移除你的競爭對手或者單純拒絕改變。這種策略的使用時機是在於你有來自高層的大量支持時效果最好，且這些高層對於改變興致高昂，並有高過對手的裁量權。但你需要小心，越來越多的領導者在重要決策上會希望尋求共識（綠色價值），而有些人甚至會不願使用強制性（紅色價值）的作法來敲定事務。而將一些關鍵人物排除在過程之外導致他們覺得被排擠的話，可能反而會使他們講話更大聲，並讓他們對於自身意見被忽視更強力爭辯。

在客戶之中建立共識上，你需要問你自己有關下列的問題：

- 何時是把額外利害關係人拉進來的合理時機？
- 誰比較有可能支持這項行動或理念？

- 是否有方法贏得對改變仍沒有強烈動機的人的支持？
- 我們如何應付那些會造成我們問題的阻礙者？
- 我們何時應接觸那些反對替換現有夥伴的人？

建立共識工作表：辨識角色

利害關係人	職稱	角色	價值呈現層級	價值目標層級	偏好	參與程度	促使改變的理由	職責	影響力
珍．瓊斯	副總裁	問題執行長	第一層級	第三層級	5	4	1	5	5
約翰．強森	董事	盟友	第三層級	第四層級	4	4	4	2	4
湯姆．麥卡錫	技術員	中立者	第三層級	第三層級	3	3	3	2	3
史帝夫．阿南德	營運經理	阻礙者	第二層級	第三層級	2	3	2	3	3
布萊恩．哈里斯	營運長	反對者	第一層級	第三層級	1	5	1	3	5
蘇．史密斯	財務長	潛在盟友	第一層級	第三層級	3	3	3	3	3

當你在問這些問題並且思考答案的時候，你需要考慮其優先順序，這些對話應採何種順序才會合理？

讓我簡單整理一下這章節，好讓你容易了解，並給你一些馬上可以使用的東西。為了建立共識：

一、辨識你在客戶公司的不同聯絡人的特質。
二、基於他們的特質，將其分類為盟友、潛在盟友、中立者、阻礙者，以及反對者。
三、努力增加問題執行長、盟友或潛在盟友的參與和偏好。
四、決定何時為與阻礙者接觸的必要時刻，以及你如何處理他們提出的疑慮，先和高影響力及高度授權的阻礙者進行交涉。
五、決定你何時及如何與反對者交手的策略。

這些是你必須要讓他們認識你且相信他們需要改變的人，你也必須讓他們相信你就是正確夥伴，一開始你在改變的必要性建立了共識，然後你建立你就是正確夥伴的共識，當你擁有這些共識，競爭型替代勢在必行。

現在就這麼做：

1. 列出在現有銷售過程中接觸之客戶內部利害關係人的名單。
2. 將每個人以下列特質進行評分：偏好、被促使改變的程度、參與程度、授權、影響力，及他們對你所創造價值的觀感。
3. 基於你指派給他們的分數，將利害關係人分成盟友、潛在盟友、阻礙者、中立者，以及反對者。

欲下載本章所附工作表，請上www.eattheirlunch.training。

第八章　找出交易之路

在尋求眾人合意的一路上，你可能會遇到種種挑戰，其中兩種主要類型，第一種是來自客戶公司內部的挑戰，當眾多利害關係人不一定都能有一致的見解。第二種則是當我們以摒除競爭對手為目標時經常犯的錯誤。我們先來看這些內部挑戰。

內部挑戰

利害關係人針對問題看法不同：

有時候你客戶的內部利害關係人不認為問題的確存在，或者同意問題存在但不值得花時間去解決，有些利害關係人相信他們的議題需要新的解決方案及新的策略夥伴，但可能有其他人不認為同樣的問題需要解決，反而對現狀感到滿意。

你可以從我們之前討論的那些特質看出這一點，被強烈動機促使改變的利害關係人相信這些問題值得投入時間、精力、資源和金錢來解決，反之，沒有強烈動機的人則不會這樣想。有持反對意見的人並不代表就找不出交易之路，而表示你需要決定，你自己是否可以勝過反對改變的人，抑或是你或者他們陣中的某些人，是否可以說服他們需要有不同作為。

建立共識是一門藝術，而非科學。你的決策是基於情況，以及你所認知的行動方案。我曾遇過原本不瞭解問題嚴重性的利害關係人，當我把事實攤在他們眼前，他們立即了解改變的必要性。而也有一些人會否認所有證據，認為問題沒有看起來那麼糟、很頑固地拒絕採取行動，有時候某些資深管理階層會抱持這樣的想法，導致深受其害。有一間我曾合作過的公司拒絕改變，儘管我提出非常確實的證據，兩年來我一直告訴他們，他們使用的策略站不住腳而且他們會因此流失客戶，結果他們的資深高階主管一直等到真正開始失去客戶時才願意相信我的話。

當內部對問題有不同意見時，你必須決定是否避免正面衝撞這些抗拒改變的人，先試著努力贏得他們在理智與情感上的支持，或者你可以發起強力攻勢，找個有更高授權、可以全盤否決反對者的人。這個最終策略可能很危險，因為他可能會讓你製造出另一群反對執行新策略，並把所有失敗的錯都推到你身上的人，這群反對改變的關鍵人物，會讓達成交易之路變得艱辛，因為即便當利害關係人都對問題有所認可，還是可能有其他無法全數合意的地方。

利害關係人針對解決方案想法不同：

利害關係人對問題有共同的認知了，但可能對應做的事情在理念上有所衝突，無法在何謂正確的解決方案上獲得全體一致的認同。

有心想改變並支持你的人相信進行改變是正確的解決方案，而那些偏好現有供應商的人則認為正確解答是和現有供應商努力尋求改善，你可能會發現有些利害關係人的口袋中還有其他人選可用，把另一個提出不同解決方案的潛在夥伴帶進來。其中一個你可能會遇到的問題是，你給了客戶改變的理由，可能導致客戶尋求你或你公司以外的選項，甚至公開徵求提案。

建立共識對你來說的其中一個關鍵理由是，以適當的優先順序花時間在正確的利害關係人身上，你製造出的是對你、你公司和你的解決方案的支持，之後我們會探討為什麼和利害關係人會面的順序可以讓結果有所不同，但最終你還是需要盡早建立對你的解決方案的有效支持，讓你可以承受之後在過程中出現的任何威脅。

你會需要在問題、解決方案及過程這三個項目上建立共識，過程的共識也是一般認為最困難的，我們接著要來看不同意過程的利害關係人。

利害關係人針對過程想法不同：

如果利害關係人對於問題本身沒有共識，或者認為這個問題現在是否需要被處理、或者根本不用處理，整個狀況會變得很棘手；如果他們對於解決方案也完全沒有一致的理解，情況也會很困難，但是這些挑戰相對地比較直接。如果當你有充分理由打亂現狀、推動改變，但你的未來客戶不同意的是改變的過程，你會碰到的是不同水準的困境。

在競爭型替代中，你是一股顛覆的力量，你試圖改變的是員工做事的一貫方法，包括和現有供應商的合作。你並不是在回應公開招標作業那種存在且運行已久、帶有尋找並變更新夥伴意圖的正式流程。你很有可能遭遇到的是一群從未真正討論過取代現有夥伴會花上多少代價的人。

也因如此，你必須協助你的聯絡人一同釐清程序，你必須詢問誰需要一起進來對話、誰需要成為改變決策小組的一員、誰會受到決策的影響以及甚麼時候是接觸他們的最好時機。

某些銷售領導者特別強調遵循一套固定的銷售流程，認為這套流程的結構將會導出最好結果的重點，至於我，一直以來都是銷售流程不可知論派的，我認為銷售過程有其必要但不足以保證讓你業績好，多半因為我將大半生的時間花在競爭型替代上，而競爭型替代中從來都沒有辦法用一套固定的過程將所需對話及結果標示出來，並且大多時候在這種情況下，整個過程都是非線性的。同樣道理也存在於購買過程和買家旅程中，也就是買家達到最終決策所經過的各種階段。當你試圖創造和遵循一套一體適用的地圖，會忽略各種產業的差異性，這些地圖也帶著一種糟糕的假設，認為買方的每個人在同一個時間都處於過程中的同一個階段，而這幾乎不可能發生（當你整理出他們的特質後就會知道）。

你發現你的銷售過程不太處理這裡提到的這些問題，但這並不表示你不應協助你的未來客戶克服這些挑戰，執行改變以產出其所需結果。當多數人看見這個架構，他們知道以上這三種問題，會抹煞他們相信可以贏得的交易。作為執行替代的人，你對這些問題的認知辨識能力給予你處理他們的契機。

當你是你自己最可怕的敵人時

有時候，在建立共識上，你所擁有的問題是你自己製造出來的。

在沒有必要利害關係人下前進：

當共識成為必要時，你可能會犯的第一個、也最危險的錯誤是，試圖在沒有完成所有必要工作下就向前走，試圖在沒有拉進所有需要行使同意權的人的狀況下逕行推進，只會導致他們放慢腳步，慢慢傾向於反對改變，最後無所不用其極地扼殺改變行動。雖然在最好情況下都難以取得共識，但不取得共識可能就破壞你整盤贏得生意的契機。那麼為什麼，那麼多業務員都在閃躲這項工作？

其中一項業務員不願意去辨識及和每一位必要利害關係人交涉的原因是，害怕和他們的主要聯絡人關係疏遠。也許你也認為和高度參與的利害關係人建立單一關鍵性關係足以贏得交易，那你就必須做好心理準備，同一位利害關係人可能會告訴你「公司決定要轉往另一個方向發展了」，而這裡說的「公司」其實就是指被過程排除的這些利害關係人。我們有時候會害怕錯誤的危機，害怕帶進多餘的利害關係人並不是我們最大的威脅，將他們排除在過程之外才是。

想要讓交易在當下成交，是業務員試圖在沒有組成採購委員會、不管正式或非正式的情況下就向前進的另一項原因，他們想要將過程向前推進是因為他們有需要達成的目標，而現在成交一定比以後成交來的好。你需要知道的是你的銷售過程並非買家的過程，不論你多麼想要聯合他們，事情總會在有人為參與時開始出現偏誤。當你的銷售過程需要你鎖定你的理想客戶、加以評估、探究一番，然後向他們呈現你的解決方案，這是你認為的正確過程。但過程沒告訴你的是，有七個人參與這項決策，而其中有四人不知道有人在考慮進行改變。

你可能也試圖在沒有必要支持下嘗試擠進交易，因為你沒有和那些會反對你、也反對你提出的改變的利害關係人（也就是反對者）交涉的策略，這些反對者也可能會高度支持你努力想要摒除的競爭對手。事實上你避開對手的方法並不會減少其對於他們公司是否會和你向前並進的影響力。決定要接觸還是要避開一位利害關係人是很難做出的抉擇，你會需要看待你的選擇有哪些並選用你認為會帶給你好處的策略，這本書是在討論競爭性替代，是銷售中很難達成的結果之一，所以要達成這項目標自然而然會需要你付出更多的努力，包括和不同意你、力圖保護其勢力範圍，以及將要反對你的人進行交涉。

投身於單一策略：

當業務員執行單一接觸行銷（也就是只和一個聯絡人接觸，並相信這就是全部所需），他們常常只執行一項行動方案，結果就是無法對其他出現的可能性抱持開放心胸。

當你開始進行水平與垂直思考，你會開始看見多個利害關係人在不同階段參與此過程，並被任何改變的決定所影響，而你需要改變你的策略去對應他們的特殊需求。你必須思考如何在決策之路上協助他們，你的主要聯絡人可能把他們的寶貴時間給你、探索改變的可能性、決定進行改變的理由、承諾改變，並與你合作建立正確解決方案。現在你需要考慮屬於這個組織的其他人，有些你需要的利害關係人可能不在準備探索改變需求的階段，更不用說對改變有所承諾。

這些會被改變的決策所影響的人的價值主張是什麼？你會用什麼樣交涉的程序來協助他們同意改變？

不思索事件的優先順序：

當你開始思考建立必要的共識來開除競爭對手，並用你和你的解決方案加以取代，你會了解到決定應做之事的優先順序極為重要。如果你的經驗顯示出你需要客戶公司的資訊部門代表參與，你必須決定何時讓他們開始參與過程。在早期階段把他們帶入，協助他們了解從競爭對手中改成你的改變方案、讓他們成為早期對話的一員會比較好嗎？還是要等到你得到行政高層的支持，能夠強制員工做出任何必要行動時會更好嗎？

如果你已經看過我之前的拙作，你會知道我並不認為有所謂的正確或錯誤答案，你不會想要限制你的可能性，銷售是一種複雜、動態、非線性的人類互動過程，有太多變數以至於沒有一種答案能符合所有情況。反之，你需要基於你所有的資訊及經驗，策略性地周詳考慮來做出最佳可能抉擇。

我曾看過有廠商在第一次接觸某採購部門的時候採取非傳統策略來創造契機、提出了投資更多以達到成果的價格主張思維、解釋其正在發生的軟性成本，並希望客戶幫助教導組織內的其他人如何了解公司的真實成本。這種大膽的方式通常會成功，但如果客戶公司從一開始就認為採購部門一直都只會帶來麻煩，客戶公司絕對不可能會認真考慮他們的提案。

我們在本章結尾會檢視如何做出有關見面優先順序的決定，但現在，你需要知道你必須決定帶領其他利害關係人進入過程的策略以及順序。

如何建立共識

決定你所需的結果

決定你所需要的結果來建立共識可能是一件麻煩事，讓我舉一個例子給你聽，你拜訪理想客戶並和你辨識出應是問題執行長的聯絡人接觸，這個人最重視的是產出更好結果，他讓你深入了解他目前的挑戰，並解釋他認為要達成目標他所需要的是什麼。因為作為一個可信建議者的業務員的你，你會問：「誰是被這個改變決策所影響的人，以及誰會參與這種程度的決策？」問題執行長告訴你共有五個人對這項決策有其分量，其中包括營運主管、資訊主管、資深樓層主管以及其副手，因為你很聰明，所以你會問：「你能不能和我分享這些人的一些資訊，如果我需要他們的支持，他們可能需要什麼以及他們可能的考量會是甚麼？」

問題執行長會告訴你當前的形勢：營運主管需要知道你做的事情不會破壞到其服務客戶的能力，他們無法承受任何一點中斷；資訊科技主管需要確定你做的事可以整合到他們的企業資源規劃系統中；資深樓層主管及其親信則會持反對意見而且會想要維持現有夥伴，雖然他們的薪酬是以績效表現來做評價，而且已經有好長一段時間沒有好績效，但他們並不想要有所改變。

你或許可以在一次會面就挖到這些資訊，也或者需要和不同人進行五次會面才會知道，重點是要了解你需要提供給每位利害關係人的結果，在這個例子中，你需要解決營運主管對於換成你所銷售的事物的同時，生產能力是否能持續運作的疑慮，你也需要你的技術團隊來跟資訊主管說明，整合到公司的企業資訊系統中是可行的。而對於資深樓層主管及其副手，不管用甚麼方式，你都必須說服他們需要改變，而且你會是比現有夥伴更好的合作夥伴。了解不同人的不同需求，可以讓你有機會去獲得你所需要的支持。

將利害關係人排序並決定何時接觸

決定何時帶入利害關係人是非常重要但很麻煩的一件事，你可以依照以下三種之其中一種策略，這些策略都不是互相排斥的，所以你都可以同時運用，主要的目標在於避免太早遇到阻礙者並取得足夠的支持來保護改變的需求。

第一種策略是盡早辨識出會支持你來取代現有供應商的人，並在任何阻礙者出現前獲得關鍵性的多數支持。藉由這個支持的基礎，你可以使反對你的聲音變得小聲，要阻止你的行動會變得更困難，一旦你的支持人數達到關鍵多數後，反對方會很難達到他們的目的。這項策略大多會成功，但是當一個有高度影響力的利害關係人在背後操作、想要阻止你的競爭性替代時，可能會適得其反。客戶公司裡總是會有這種具有影響力的人，和你的競爭對手擁有深厚的關係，會努力保留他們的位置。如果拿前面提到的假設情境來用，你可能會在與資深樓層主管交手前，先搞定營運和資訊主管，藉由建立關鍵利害關係人的支持，你會讓資深樓層主管和其副手的阻擋行動變得困難。

第二種策略是在早期過程取得高層的協助，可以確保你擁有保護你對抗任何反對意見的立足點，能對抗保留你的競爭對手的決定。我們還是繼續用剛剛的假設情境，假設你是和資深主管及其團隊開始了這個契機的討論，而非高層利害關係人，資深主管告訴你營運和資訊主管會反對任何改變，因為他們和你的競爭對手擁有深厚的關係（說是假設，但這多半也是真實世界的狀況）。你可能會決定先避開營運和資訊主管，直到你擁有問題執行長的支持，或者可能是更高階層的支持。

第三種策略是在早期探詢會議裡，將有高度影響力卻對改變沒有動機的人帶進過程中，藉由將他們帶進早期對話，你將其反對早早搬上檯面，並針對這些議題和疑慮進行交涉討論。我個人曾有過在摒除競爭對手時，必須在過程前期就將阻礙者帶進來好贏得他們支持的經驗。在過程中提早將反對者納入，可讓其他利害關係人及領導團隊的成員將他們的狀態從「反對」轉變成「退下」。

在早期帶入反對者，是建立共識和管理改變時需要好好思考的一個重要可能性，共識並不代表你一定需要完全一致的決定，而是代表你擁有足夠的支持，而其他反對你的人退下不再與你對立，並且執行對公司最好的事——即便你的改變對他們而言沒有益處也沒有帶來新挑戰。在早期過程中有這些對話是有幫助的，你說：「你的團隊中有些人可能需要暫時退下，並且選擇對公司最好的事，來產出需要的新結果，我們會需要誰的幫助來說服他們，以及我們要如何減輕其創造的新挑戰？」

和阻礙者交涉

決定要接觸阻礙者，抑或是要避開

你需要接觸某些反對者，否則你必須承擔失去契機的風險，其他人能避開最好避開，至少也要等到他們不再構成威脅。

當出現一個選擇是讓阻礙者及反對者參與，而另一個是避開的時候，我傾向讓他們參與，我相信我可以把他們帶往願意改變的方向，但並不代表這永遠都是正確的選擇，我也曾有過不好的經驗。我曾經有一次在早期過程中就讓反對改變的人參與進來，我不小心提供了他們剛好需要的東西，被他們在幕後運作、破壞改變的契機，等到我向他們提出我的解決方案，他們便轉告我的對手、由他們來進行這個改變。這是我自己做出的抉擇，但也讓我損失一筆交易。

所以有一些情況下，避開反對者是很合理的，尤其是如果你確知你的反對者非常支持你的競爭對手，以至於他們絕對不會同意進行改變，當你提供你的解決方案給他們，可能反而會提供他們對抗你的彈藥。而對於沒有影響力但卻講話大聲的這種反對者，你也不應該低估、以為他對你不會造成傷害，這種人就是在經歷任何改變時會呼天搶地的抗議，像大叫狼來了的男孩，沒有真正的影響力，但卻反對公司提出的任何改變提議。

從競爭對手手中搶走你的理想客戶需要你建立共識，但千萬小心，你在建立共識的路上所做出的選擇，可以加速替代的發生，也可能導致對改變想法的抗拒心理。

減輕挑戰

你給某些利害關係人帶來的挑戰可能會產生對你的反對情緒，所以要盡可能減輕這些挑戰，這樣做會比乾脆把他們排除在外要來得好。透過你的團隊以及客戶的團隊共同合作來獲得群體支持，可以增進彼此間的關係並提升合作意願，這也是讓反對者參與的其中一個理由。有些挑戰可能容易解決，而另一些則可能很困難，如果是客戶想要調整解決方案開始執行的日期，或者是客戶要求提供額外資源，例如人員訓練或其他支援，可能都算是相對容易處理的挑戰，多一點的投入努力和創造力就可以加以克服。

然而如果某些人反對聘用你，因為他們和你的競爭對手有很親密的關係，而且你想要改變的東西正好是他們所認同偏好的，那麼要讓全力支持競爭對手的人轉而支持你會是非常大的挑戰。或許你可以試著協助他們去了解癥結點在哪裡，也藉由讓他們的同事來幫助他們了解改變的必要性，來增加他們對於改變的意願。不過即便他們相信改變有其必要，他們與你的競爭對手之間的關係又成為你真正的阻礙，難以增加對你的偏好，這可能要花上許多時間與心力來處理應對。

大多時候利害關係人要支持一項改變上所遇到的困難跟挑戰，不在於他們跟你的競爭對手的關係有多甜蜜蜜，而是你的解決方案會帶給他們很多麻煩，也許是會改變他們的作業流程，也許是他們會失去團隊成員，造成他們在人力與資源都捉襟見肘的時候，還需要花更多力氣跟時間來做額外工作。和定位為阻礙者的利害關係人接觸，你可以有機會讓這些挑戰浮出水面，然後就有機會去想辦法減輕它。也就是說，你的角色任務，首要是你必須先知道問題是什麼、阻礙是什麼，然後努力解決，並和客戶團隊的其他人共同合作，想出可行的解決辦法。你可能無法完全改變阻礙者的態度，讓他們對你全力支持，但是你可以將他們移到讓他們退下安靜的地方。

你是否得到你需要的承諾？

你需要儘可能地去控制過程，不是說你就要盲目遵循固有、預先決定的程序，也不是說你可以讓客戶決定日後的最佳進程。反之，這代表的是你在引導他們做出必要的承諾以達成其渴望的結果，同時也在因應他們的組織需求。不要誤以為你的客戶在討論替換合作夥伴的對話時會有一套周詳的計畫，大部分都沒有。在《成交的藝術》書中，我寫出十種贏得銷售的必要承諾：時間、探究、改變、合作、建立共識、投資、檢討、化解疑慮、決定以及執行。我們在這裡要關注的三種承諾是合作、建立共識及化解疑慮（先把重心放在這三個，但其實這些承諾全部都有其必要）。

你需要得到合作的承諾，才能創造出比你競爭對手更好的解決方案，這讓你可以確保支持改變所需要的利害關係人有被拉進來參與。這項承諾及建立共識的承諾通常是互相交纏的，當你在進行合作時，你也是在發展共識，反之亦然。

建立共識的其中一種方法是幫那些可能不支持你的利害關係人化解疑慮，因為他們害怕事情不會往好的方向走，他們擔心，如果將了解公司營運的現有夥伴換成沒有經驗的新夥伴，可能會置公司於危險之中，也可能擔心你的方法無法成功，或者當有問題發生的時候，你不會給他們支援。不論他們的疑慮為何，如果缺乏有效的誘導或運用，很難讓有疑慮的利害關係人轉而支持你。

你必須知道你需要何種承諾以及從誰而得？沒有得到正確的承諾便會很難取得共識。所以我要你去思考，你知道我們需要從每位利害關係人中得到甚麼？你是否有一套策略讓你去發展共識？

本章全篇的重點在於建立共識的策略，幫助你發展理解、發展關係，以及發展一套接觸交涉計畫，幫助你接通你的人脈，你執行所需要的基本理念是回答我們以下所隱藏的問題：

- 我們需要直接接觸誰？
- 我們需要甚麼才能得到他們的支持？

- 我們需要以何種順序來召開會議？
- 這些會議的結果為何？

在你整理出一項策略的脈絡時——尤其是當你和一個聰明的團隊合作時——你會發現其實還有各種多元的策略可以運用，你會發現你也可以從行銷長開始著手，透過他來尋求其他人支持你的提案：雖然比現有供應商還要貴，但可以改善公司現有績效的這項必要投資。又或者你也發現你可以暫時冷處理你找到的關鍵人物，直到你獲得更多支持票，或者直到你做出一份投資報酬率分析，來證明你出價更高但其實幫公司省下更多成本。

你應注意的一點是，當你建立共識時，你不是只有一條路可達成。你也一定會想要多重方法取得交易，所以你永遠不會走到死路，當事情不如預期時，總會有第二條路可選。

我們要如何讓反對者變得安靜？

我們剛剛說過，當你推行改變來協助客戶產出更好結果時，卻有人受到其負面影響，有時候你可以盡量去減輕你所帶來的挑戰，來獲得這些人的支持。這就要從了解你的行為如何製造問題開始。

如果你正在閱讀這本書，那麼你無疑地已經完成了必要的改變之一，來取得利害關係人的支持。在我過去所領導的其中一項交易之中，利害關係人需要我們在三個不同地點提供服務支援，而我們原本因為成本效益的考量，是設定在其中一種地點設立支援點。為了取得兩位利害關係人的支持，我們最後同意以最小作業量來提供另外兩個地點的支援，也請他們必須要分享資源，這樣做已足夠減輕解決方案帶來的問題，並讓他們不再抵抗改變。

在另一種情境中，為減輕某部門的疑慮，我司的其中一個部門必須同意使用客戶的供應商所提供的某特定服務——即便這個供應商的服務品質比起我們慣用的服務來說更貴又差勁。最終，使用他們的服務沒有造成多大差異，但是這對減輕利害關係人對成果品質的疑慮是有其必要的。我們同意改用他們的供應商，但是值得，因為保住了這筆交易，我們是做了必須要做的事來減輕他們的疑慮。

話雖如此，你沒辦法總是能夠減輕每位利害關係人的疑慮，而且當你推動改變的時候，不會永遠都只得到支持的聲音，你的解決方案跟預期成果總是會有反向的風險。

你不可能總是靠自己來取得每位利害關係人的支持，在某些情況下，你會需要客戶團隊中的某些人來贏得他們的支持，或者請求他們不要反對改變，如果你想要某人介入來幫你做到這些，你必須要直接請求，你可能會需要說：「我是否可以請你幫忙問一下資訊部門的湯姆，請他支持我們試圖做出的改變，或至少不要加以反對？我擔心如果他繼續堅持反對我們在做的事，我們的案子會無法再往前進。」

像這樣請人協助的其中一個最好方法，我們前面提過了，是取得高層支持。當你要解除現有供應商，讓事情產出更好結果時，你偶爾會像這樣遇到很多非常有挑戰性的對話。

即便需要你不斷摸索前方的路，一路上挑戰不斷、非常難走，你總會找到一條路可以讓你走到交易完成的目標。

現在就這麼做：

1. 列出你正在尋求之未來客戶的聯絡人名單。
2. 辨識出採購委員會和問題執行長。
3. 列出你所需要的產出結果，以確保採購委員會選擇你。
4. 列出你需要和這些聯絡人開會的會議清單及其順序。

欲下載本章所附工作表，請上www.eattheirlunch.training。

第三部分

以無形的力量取勝

許多導致替代的偏好是藉由無形的概念形成，這些無法易於測量的事物和你的產品、服務甚至你的公司幾乎沒有什麼相關，本節會協助你運用這些無形概念建立競爭型替代的優勢，並讓你成為值得放棄現有夥伴的人。

第九章 創造偏好

我們經常忘記行銷的重點其實在於創造偏好，讓客戶想要和我們合作而非和競爭對手合作。在競爭性替代策略中沒有甚麼比這更重要了，因為這就是我們最終想要的成果。大腦佔有率等同於錢包佔有率，而無形的概念是創造偏好的主要一環。在本章當中你會學到如何讓這些無形概念成為你的競爭優勢。

你的客戶買的是你而不是你的產品

在這裡要告訴你一件一直以來很少被提及且沒有得到應有注意的事，那就是，你，從現在開始是價值主張中最重要的一部分，事實上在眾多因素裏，客戶最能感到出乎意料的因素就是「你」，這大概是第一次有人告訴你這件事，不論你是否相信此事，事實上你的表現對於在客戶抉擇的衡量中占了很重要的分量。

很可能你公司的簡報檔一打開，第一張就先放公司總部的美美照片、公司經營團隊的組織圖、世界地圖上的分公司據點，以及一張投影片秀出各個你服務過的大型知名公司的商標。這些投影片都是為了證明你是客戶會想要合作、值得信賴的公司，所以你跟客戶預期的成果都會實現，整體的設計就是為了要回答客戶心裡最直接也最常問的問題：「我為什麼要跟你的公司合作？」

在介紹公司沿革介紹完了，你的簡報檔大概就一如往常地開始講你的產品與解決方案。如果價值主張單單只是產品面，那麼你輕鬆當個訂單接受者就行了，目標就會達成。好吧，假設你的產品真的這麼引人注目，以至於大排長龍來跟你買，那客戶當然就不會將它——還有你視為一個簡單的商品，接著會仔細端詳這項產品的特色與優點，驚為天人地發現它具有壓倒性的重要性，客戶馬上就會想辦法改變流程以取得這項產品。但如果事情並非如此，在你秀出產品的當下，客戶沒有馬上起立給你鼓掌接著下單的話，你應該就要知道你的產品不適用價值主張的概念。

所以我們知道了，你的公司即便有著洋洋灑灑的歷史沿革和知名產業領導者作為過往客戶，還是不足以讓你的理想客戶解除其長期服務的夥伴，也就是你的競爭對手。你的產品和解決方案一樣沒有用武之地，說來說去還是沒辦法回答客戶的這個問題：「我為什麼要改變我現在做的事？」這也表示對客戶來說真正的價值還在其他地方。如果我們在客戶心裡種下改變的理由，創造更高層級的價值是絕對必要的。在這裡我們回到剛開始我們談到的四層價值。

以第一層價值進行銷售會讓你變成單純的商品，而商品無法創造令人想要改變的充分理由，第二層價值透過服務和後續支援以提供更好的顧客體驗，但除非你的競爭對手爛到不行，爛到客戶的產出結果也蒙受到嚴重損害，不然你這第二層價值也一樣沒什麼看頭。長久以來，我們都在銷售第三層級價值，但因為其實你我都有辦法創造實質產出，結果我們也都在這一層價值中面臨商品化，使我們的每項解決方案上的投資回報看起來都沒有差異，沒辦法讓客戶做出進行改變的決定。

第四層也是最高層級的價值對於競爭性替代策略非常重要，因為它讓你知道要讓改變具有吸引力，需要一個競爭對手無法創造出的策略性成果。於是價值主張的重心從被客戶視為一種商品的有形產出，轉為更具策略性的未來成果。結果反而是無法型塑量化的概念，讓你與你的解決方案與競爭對手有所差異，而掌握這些無形事物就是你的責任了。

本書的前兩部分在探討實務與戰術，這些章節的架構會告訴你需要的作為來解除競爭對手並加以取代，而本章節會專注在你需要成為甚麼樣的人才能完成前面章節提到的所有事情。如果你是價值主張的重心而且你有足夠的洞見來提升大腦佔有率，那你將要負責從根本上產出更好結果，所以意思是，增強價值主張代表的是增強你運用的這些無形概念。

大腦佔有率與成為五二%的領域專家

我注意到領域專家（Subject matter experts）及業務員的某種特定行為，當我們推銷的解決方案內容的技術含量越來越高，我們會逐漸讓領域專家進來討論，並且領導部分的銷售對談。在許多銷售組織中，行銷組員越來越依賴領域專家，以至於行銷人員無法在沒有領域專家在場的狀況下進行業務開發電訪，因為他們無法回答客戶可能會提出的專業和技術面問題。而在會議的現場，客戶那端往往只有兩個人，結果行銷人員這邊卻是大陣仗的六個人。壓倒性的出席人數看來明顯帶著點恐懼，但是隱含的訊息可能更糟。

如果你對於提供建議無能為力的話，你是無法成為一個可信的建議者的。即便你的角色可能比較類似交響樂團的指揮，你的職責是帶領正確的專家在正確的時間進行適當的對話，但這無法讓你從應該成為一個領域專家的責任中開脫。

你對解決方案中技術層面的了解當然無須達到領域專家的水準，但是你絕對沒辦法做一個什麼都不知道的人，你至少要能有你的領域專家的五二%的專業能力，這代表在沒有領域專家的協助下進行客戶電訪，你至少需要對第一層和第二層問題能有透徹的理解跟回應。你必須能夠讓客戶知道你擁有經驗和知識能協助理想客戶產出更好結果。換句話說，就是能夠給出建議！我們把這個概念叫做五二%的領域專家。

進一步解釋這個概念，如果你走的是價值主張路線，那我會認為你必須是在該領域讓我所信任、能夠和我有同樣了解程度，甚至懂得比我還多的人。如果你知道得比我還少甚至一無所知，那我根本也就不需要你，最好的狀況是我只覺得你多餘，最糟的情況下是我覺得你很煩，你無法為我開發新領域，而且我也沒有需要你回答的問題。如果我問你一個問題，而你也只會告訴我「喔，我知道那個誰清楚這個答案」，那你頂多就是個資料來源，但你永遠無法成為可信的顧問，因為你根本給不出什麼建議。而要讓自己成為一個領域專家，你需要穩穩抓住可以導致客戶改變的趨勢，你要可以知道沒有好好應對趨勢可能帶來的後果，並整理出可行的最佳方案，對於你銷售的這些解決方案也要能瞭若指掌，才能精準地跟客戶解釋，這些解決方案如何完美配合他們的需求去達到預期的策略成果，讓客戶相信絕對值得忍痛改變現狀。

要怎麼達到這個五二%領域專家的目標？要怎麼吸收足夠的專業知識，讓你聽起來跟團隊中的正牌專家一樣厲害？其實不需要你要什麼花招，事實上，只需要你提升專注力，每次你和客戶會面或電話會議時，把所有提到的問題及答案都記錄下來，不管是專家詢問目標客戶，或者是潛在客戶詢問專家。除非客戶方也有技術人員一起參與，不然這些問題應該都可以算是第一和第二層級的技術問題，技術含量相對低，較容易回答。當會議結束時，回頭來看看這些問題，你要去瞭解為何你的團隊專家詢問這些問題、為什麼要這樣回答對方，客戶又為什麼要問這些問題。

如果你都做到這些事情，然後同樣的會議開個六、七次之後，你就會知道你團隊裡領域專家的眉角，當你自己就可以回答第一層和第二層級的問題時，你的起始會議就不一定需要領域專家在場；更重要的是，你跟客戶之間的相對地位會因此變得比較平衡。

避免不相干的干擾

當你身為一個領域專家，你要對三種領域有一定的敏感度：

影響客戶業務的趨勢

你必須深入了解會影響你目標客戶生意的趨勢，以及這些趨勢所帶來的挑戰與契機。藉由知道比你的目標客戶懂得更多、了解更多，你可以幫他們把該做的工作都做好，他們就會願意將這個業務外包給你。這除了讓你創造機會，讓你贏得新客戶，同時它也讓你能為舊客戶持續開發新價值，進而留住客戶。所以當客戶問你「為什麼我現在非得做這改變」，你就知道成為一個領域專家能夠讓你妥當地回答這個問題。

如何改變

光是讓你的客戶踢掉你的競爭對手，並轉而選擇你做為新策略夥伴並不足夠，你要能多想一點，需要知道客戶組織內有哪些改變、哪些選擇對他們來說是可行的，以及如何引導客戶做決策，你需要了解客戶的營運上存在什麼樣的可能性、如何在趨勢下產出更好結果。在前面提到的案例中，我曾提到有發生過大量同一個世代的人同時退休，公司就需要在這個趨勢上做出應對，需要藉由再招募大量人力加以取代退休潮，招募之後還需要訓練，讓他們足以跟上腳步。這可能代表他們需要改變他們的招募策略、修正員工價值主張策略，來吸引公司真正所需的人才、建立完整訓練課程，或結合上述所有的作為。這時就是你需要對於客戶正確的選擇提出強而有力意見的時候，也需要闡述如何執行這項改變。這可以說是一種商業敏感度，你要能知道正確答案、運用一些情境知識，知道如何折衷權衡。

如何將你的解決方案和更好結果緊密連結

其中一個你可以做出的重要改變是，改變你看待客戶面臨的挑戰及契機的角度，我們往往是看著客戶，然後就決定他們需要做改變，接著竭力推銷我們想賣的解決方案（其實不一定是我們自己很想賣，公司付錢給我們叫我們去賣，我們就得去賣）。反之，你需要針對客戶所需的結果，由下而上的來檢視他們面臨的挑戰。

最終的結果會把所有事情綁在一起，面對趨勢時所做出的應對，都是需要客戶取得更新且更好的結果；而能夠知道如何做出改變的知識，則是提供這些結果的方法；最後，是你提出一個解決方案，協助產出這些結果。所以我們不預設立場，我們不會把「絕對需要改變」的話講在前面。

所以回到前面講的，為了瞭解客戶所需的結果，並和你的解決方案綁在一起，你需要成為那個五二％領域專家，你需要有一定的專業領域能力，在客戶欲求達成所需的新策略結果時，知道哪個產品或解決方案對客戶來說最合理最可行。我們從所追求的結果開始，反向引導到產品與解決方案並加以配對。

無形

多數行銷高層和許多營運改善顧問業的業務都強烈地相信（或讓你相信），銷售行為是一種科學。他們想要把複雜、動態、非線性的人類互動方式，變成機械化、高一致性且可重複的過程，預期每次都能產出正確的結果。但銷售並不是一種科學，銷售甚至和科學毫不相似，即便程序一樣很重要。

如果我做一個科學實驗，我得到一個結果。如果我重複這個實驗並產出相同結果，那麼我就算是得到了科學上的事實。如果有人在相同條件下做相同測試並產出相同結果，那我們就能說，有科學證明我們的假設是正確的，我就知道如果我做A，那我一定會得到結果B。但在銷售上，同樣的一個動作在某一個案子是成功，可能是另一個案子的失敗。

但我也不是說你從此不用去在意銷售過程、方法或架構（畢竟，不少書籍的內容都是關於這些東西），但我要強調的是，一個業務使用同樣過程、賣同一間公司中相同產品給同類型的客戶，最終結果可能還是會完全不同。這應該就可以清楚地說明銷售並非科學。天體物理學家奈爾．德葛拉司．泰森曾說：「在科學的世界裡，當人類行為參與其中，事物就會呈現非線性走向，這也是為何物理很簡單而社會學很難。」

你的理想客戶需要很有力的理由，才有辦法說服自己來解除它們合作多年的現有夥伴，也需要認真思考終止現狀決定和你合作到底是不是一件正確的事、到底會不會讓產出變得更好。所以你就知道，你真的是價值主張中很重要的一個部分。

喜愛與融洽

長久以來我們說到業務員，都說「你需要為人所知、為人所愛、為人所信」，經過這麼久的時間淬鍊下，這個道理是確實不假。但現在我們知道這只對了一半，你還需要創造可以讓客戶真正受益的經濟和策略價值。你在本書的每一個角落都可以發現這個理念，因為它就是真實的，因為這也是讓你如何成為可信建議者的箇中環節。

如果你將要摒除你的競爭對手，絕大部分會落在擁有決策權的這個人是否對於與你之間的合作關係持正面態度。這些對於未來的期望跟想法，會在前期會議時，當你分享洞見和建立共識時慢慢成型。

想像一下有一位你覺得不錯的業務，你覺得和他合作很舒服很愉快，然後你就會想，如果有可能的話，還真的會想要把他挖來公司一起工作，成為團隊的一分子，然而可能遇到另一個業務，可能他非常聰明，但相處起來感覺沒那麼好，你就不一定會想要每天他們一起工作。所以說人就是這樣，假設其他條件都相同，如果你有辦法選擇和你比較喜歡、相處比較融洽的人合作，你一定會這樣做，尤其是長期合作。融不融洽很重要，因為「關係」兩個字很重要。

我們來討論另一個有關喜好的事，討喜和「需要被喜歡、追求被喜歡」之間有很大的差異。

擁有令人愉悅的性格是一回事，而為了取悅別人而取悅則是另外一回事，而且這樣做不一定會讓你成功。當你今天是個「需要被喜歡」的人，那你會不惜一切避免各種衝突。但如果你是個討喜的人，代表你擁有和人快速搭上線的能力，你可以傾聽並了解他們的需求，讓對方覺得被關注，所到之處都相處愉快，這些能力讓你比較容易在雙方意見衝突中繼續進行討論。

討喜的人是一種競爭型優勢，需要被喜歡則是一種極大的劣勢。

商業敏感度

我們已經在本書上花了不少時間討論這個，尤其是這一章，你現在知道創造和獲得新契機，絕大部分是因為你的商業敏感度，你也知道你和客戶建立關係的基礎，是建立在你做為一個可信的建議者、策略夥伴，及良好顧問的能力及服務上。

我們再回到剛剛說的那兩位業務身上，簡單說，其中一位你喜歡，而另一位你不喜歡。萬一你喜歡的那個一問三不知，而你覺得不麻吉的那一位是個態度冷冰冰的領域專家？那你內心就開始衝突了，我想跟契合的人合作，但也需要有人能真的幫上忙。

那我們再加入第三位業務，你喜歡這位第三位業務員，而且非常聰明，這個人正好解決了你的內容掙扎，不是嗎？不管別人怎麼告訴你，討喜和聰明並不相斥，你需要成為那個既討喜又聰明的第三個業務。

關心

我第一本拙作《你只需要這一本銷售指引》（*The Only Sales Guide You'll Ever Need*）（一個出了一堆銷售書籍的人，卻想出這麼遜的書名）的潛在出版商，不太喜歡我寫到關於關心的章節，他不懂為什麼這個概念要在行銷書籍中提起，他不了解的是，行銷早就不是自我導向的事（即便這個刻版印象一直存在），更多時間在做的是以他人為導向的努力；我們是在服務他人。

我希望你從這個角度去思考「偏好」，你的理想客戶會選擇是否和自我導向的人合作，這種人關心的只是搞定合約而非客戶所需的更好結果；或者是否和他人導向的人合作，而這類人會負責任地幫助客戶取得更好結果。如果你的理想客戶跟你的公司是要從事多年合作，他們做的決定是在於他們「想要」什麼樣的人進入團隊。

為何他們會選擇和把合作當作交易的人合作？如同本章裡每個無形概念，當你是個關心別人的人，那麼客戶必定容易產生想和你合作的偏好，尤其當客戶回頭看看現在的供應商，自滿自負、以為自己絕對佔有客戶心中地位，早就沒有什麼關心可言。

態度

任何人都不想和悲觀、憤世嫉俗、好批評，且無法接受反面意見的人合作，當客戶決定是否要你加入團隊的時候，他們怎麼可能會去選擇一個態度負面及能量糟糕的人？

你是個怎樣的人相對於你所銷售的產品來說一樣重要，甚至更重要，這是創造偏好的重要一環，也是前面提到，讓客戶決定放棄你的競爭對手轉向和你合作的關鍵因素。擁有正面、樂觀、未來導向的心態，並且展現「能做、會做、我搞定一切」的態度，會創造想和你合作的偏好。

很重要的一點是，對於工作不夠投入、浪費公司的時間、敷衍了事、只會準時打卡上下班，這樣的人你的客戶已經看過太多，如果當你對你所做的事情沒有熱情，你的客戶一定會知道。

在我寫這本書的同時，你還是會看到很多其他的行銷書告訴你，當業務不用再像過去一樣成為要很會交際、要很外向、要常保微笑、穿戴整齊，所以我現在是要撥亂反正。但如果你硬要把自己裝成這樣的交際花，一看就知道你不是真心擁有這些特質而是單純當作是在執行一種行銷技巧，那你確實應該避免這種行為。不過不管怎樣，你都要確保你有積極向上、投入的態度及熱情，好為你創造偏好。

這裡最後要提醒的一句話是，你需要讓每位客戶在跟你的互動之中感受到你的正面態度，絕對不能在客戶面前有不在狀況內的時候。

存在感

我曾有過一個客戶告訴我說：「我不敢相信你開了大老遠的車來跟我碰面，其實你可以不用這麼做的。」事實上，這就是我為何要這樣做的原因，我知道沒有人會開這麼遠的路就為了會面，但我就是做了。你一定也猜到最後結果，我成功與他合作生意。

我們活在一個科技的年代中，所有人在無意識的情況下面對三種螢幕，時時刻刻有一台電腦擺在眼前，如果我們不在電腦前，手上就拿著一個平板繼續看，而且我們也已經沒有辦法讓智慧手機離開我們超過三十英寸的距離。

科技改變我們用來溝通的媒介。而現在，一樣是無意識的狀況下，電子郵件成為商業對話的主要媒介，使用電子郵件進行商業對話是拿效果換取效率，也是你永遠不應該做的一種利害交換。

如果你試圖創造和你合作而非競爭對手的偏好，存在感很重要，要讓客戶看得到你的人，讓客戶知道你投入於客戶以及他們的生意。客戶喜歡的合作對象，是會花時間檢視工廠設備儀器、和利害關係人見面並發展關係、會主動去了解客戶產業及需求的人。你表現出的存在感代表你真的在乎，讓你的客戶覺得自己被當成重要人物對待。我沒辦法想像你沒去過對方公司、沒跟對方內部員工開過會聊過天的情形之下，就說你要搶進他們的合作體系，在沒有建立存在感的情況下試圖取代競爭對手，只會讓事情變得比本來的情況更困難。

「見面三分情」，時間一久你就知道這句話越聽越真實。

過程

你爭取客戶的過程可以變成一項優勢。我最近收到一封電子郵件，來自一位艱難地想要爭取客戶的業務員，他在郵件中解釋他的做法，他提到包含請求客戶給予提供報價的機會，但他的請求不斷地被拒絕，這個方法是一個極端的例子，這個業務員把一個企業對企業（Ｂ２Ｂ）的行銷，弄得好像企業對客戶（Ｂ２Ｃ）一樣的方式。不僅無法替客戶創造任何價值，更會讓你喪失建立契機和偏好的機會。

試想你有機會為你自己和公司創造偏好，而且客戶相信你的解決方案是對它們最好的方案。第一個契機是和客戶進行行銷上的互動，對於這些互動你會怎麼作？你會幫助他們了解為何需要改變、如何有所不同、能有甚麼選擇，以及如何產出突破性的結果？你是否能夠建立一個流程來讓他們了解，他們自己需要承擔什麼程度的義務，而這些義務地承擔又會怎麼樣反過來對他們有增益？你是可以接受諮詢、給出建議的人嗎？

你可以想像你的公司的行銷流程，但是我要你去想一下你在做的事。你的目標客戶正在思考是不是要相信你就是那個更好的夥伴，你需要的是增加它們和你合作的偏好，你需要的是知道如何產出更好成果以及對於所需程序的深入了解，讓競爭的天秤傾向你這一方。

我曾在前一本書寫下有關下列這三種特質，在我經營多年的部落格（www.thesalesblog.com）可以看到我無數次提到這些特質，因為我相信這些心態特質是成功的關鍵元素。

能夠領導的能力

銷售機構基本上不會訓練業務員的領導能力，我們不會把業務員當作是個領導者，但這不代表客戶跟你想的一樣，客戶還是會把業務員的領導能力列入評價。如果我們把客戶可能對現有夥伴不滿意的所有理由集結起來，或許可以全貼上一個大標籤：「領導無方」，這種失敗會讓你失去競爭性替代優勢。

為什麼？領導能力就是為產出結果負責，即便你會發現無數書籍、部落格貼文及LinkedIn網站都提及並描述成為好的領導者的長串特質清單，如願景、社交技能及個性，所有這些特質都在為了一件事：為未來更好的產出負責。作為業務員，你的責任也責無旁貸，願意扛起領頭責任、為產出更好結果負責，讓你在競爭性替代中有大量優勢，如果潛在客戶的現有夥伴做不到，那麼和你合作的偏好就此出現。原因是，你的競爭對手無法展現領導力。

潛在客戶考慮是否選擇你來取代其現有夥伴的其中一個關鍵問題是，是否相信你能夠做到你承諾的更好成果。他們想要知道你會用盡洪荒之力來達到成果，並且帶著他們的團隊一起做出改善、付諸行動。他們想要的是真正的夥伴，而不是一個在合約上簽名後就神隱消失，讓其他人去面對挑戰的傢伙。

正如我好友馬克．杭特（Mark Hunter）所說的，「行銷就是領導，領導就是行銷。」領導力及領導者的氣場，是一種強大的無形特質。

足智多謀

我曾和一群前特種部隊的軍人聊天，他們在聊天用了一些我不熟的縮寫，當他們講到一個棘手的問題時，其中一位和另一人說：「FITFO。」我問道：「甚麼是FITFO？」前任特種部隊軍人又重複了一次：「FITFO。」不懂還是不懂，我又問了一次：「甚麼是FITFO？」只得到相同的回應以及一個微笑，這位軍人最後說：「他媽的自己去想出來！」（Figure It The Fuck Out!）

我想這是特種部隊的一種生活日常吧，被空降去完成某種任務，被預期到會面臨各種無法想像的挑戰，而且往往都是沒人支援且沒有簡單答案的狀況，解決從未參與過的挑戰。所以他們必須在最困難的環境下想出解決方法。對業務員來說，這也是一種很好的作業程序。

如果你的客戶知道如何產出其所需的更好結果，這個成果早就生出來了；如果他們知道在推動一個案子的時候要怎麼進行內部對話和建立共識，他們早就開始做了。甚至，如果你的競爭對手已經知道如何協助客戶做得更好，客戶根本不會需要你。但是上述這些事情沒有一項是做到的，這也是為何你需要有足夠機智來想出辦法協助他們獲得更好產出。

解決久懸未決的問題是創造競爭性替代優勢的好機會，創造並贏得機會的關鍵在於你是否有足夠機智來想出如何協助客戶做出改善，尤其是這過程中還會遇到無數阻礙，包含眼光狹隘、只想維持現狀不變的人。在這時候，身為一個業務你會覺得你根本就是個特種部隊軍人，因為在這段過程中並不會有人告訴你會面臨到什麼樣的挑戰。

有一件事我可以很有自信地跟你保證，你的潛在客戶絕對在尋找有足夠機智可以想出辦法協助它們改善結果的人，但僅僅是足智多謀，意指你是等著問題自己跑出來然後你再去解決問題，你的機智需要伴隨好的行動力，你覺得你要如何證明你會主動出擊？你如何讓他們了解你不會是被動回應的夥伴，你不會等出錯了才來補救？（這可能是客戶曾經歷過的事情，一切挑戰和挫折的起因。）你需要強烈證明你是主動、心思縝密、細節導向，並且超前部屬地去處理任何挑戰。

體貼入微

體貼入微是真正關心並以他人為導向的一部分，它不僅是在應關注的地方施予，在生活中，也是成就大事的一些微小關鍵，它有時是最細微的肢體語言，但卻可以造成極大的影響。

在感謝客戶付出的時間與幫助上，電子郵件遠不及手寫卡片的效果，或者是在會面途中先以簡訊詢問理想客戶要點何種咖啡，然後在下一次碰面你已經不用再問就知道客戶喜歡喝什麼，或者是經常後續電訪追蹤，這些都是瑣碎小事，但需要時時提醒自己做到。

幽默感

如果要說一種無形概念能極有效果地讓你創造偏好，我會說是幽默感，我歸納了一下，我認為它是一種娛樂的能力。客戶會選擇一個他們想要一起工作的人，既然如此，為什麼他們要和一個沒有幽默感的人合作？

跑客戶的過程中一定會出現各種大大小小問題，如果你是可以在這些情況加入一點苦中作樂的人，那你就在創造偏好上擁有明顯優勢。這種苦難中的消遣可以多少帶點紓壓的效果，並且剛好展現你的樂觀及自信，讓客戶知道你可以解決問題，因為你會「他媽的自己去想出來！」

我最喜愛的其中一本書，是由身為法國空軍飛行員聖伯休理所寫的《小王子》，我用書中我最喜歡的一段話來總結這章以及無形概念的發展，「最重要的東西用眼睛是看不見的。」

現在就這麼做：

1. 寫下三或四種你在產業與客戶之間的互動中，學習成為五二%領域專家所需要的事物。
2. 列出你所欠缺並想要改進的特質。如需要協助，請上www.theonlysalesguide.com並參考這本書。

欲下載本章所附工作表，請上www.eattheirlunch.training。

第十章　斜槓人生：可信建議者、顧問式業務

如果你聽過業務員談論他們想要如何進行銷售的方式，你一定會聽到「諮詢」及「可信建議者」等字眼。如果你認真要求他們描述何謂諮詢式的方法，多數會使用這種字眼的人其實也解釋不出來。在多數情況中，所謂的「諮詢式行銷」指的是他們不想回到過去那種具攻擊性、高壓及操縱型的銷售實務。這種定義可能正確但卻不完整。

不是死纏爛打型的業務也不代表就屬於諮詢型，這樣反而可能讓客戶覺得你是那種害怕面對衝突跟困難對話，所以會想辦法討好客戶、一定要讓客戶喜歡你的人。真正的諮詢型業務員的定義是要能代表成為可信建議者，這個門檻比一般人想像的都還要高，只是知道將解決方案跟客戶需求綁在一起並不會直接讓你達標，這個「建議」的部分沒那麼簡單，你需要比一般業務員擁有更多的商業敏感度及情境知識。同時也需要一點資訊不對稱，你必須要在專攻領域上擁有比客戶

更多更深的知識，如果你做不到這點，而客戶顯然「對他們產業的了解度比你還高」，那這就很清楚地說明你沒辦法做為一個可信建議者。因為，如果他們知道的比你多，你又可以給他們甚麼建議？你必須知道你的產業和客戶的產業的交集在哪裡。

在本章中，我們會教你怎麼讓競爭的天秤向你傾斜，並協助你發展成一個可以被看見及可以被感受到的可信建議者及諮詢型業務員。

如何取得建議的能力

回到第二章，我們說要你辨識出四到五種，在未來十八到二十四個月內可能會影響客戶生意的趨勢，來開啟協助客戶找出改變理由，及摒除你的競爭對手的過程。如果你能將客戶未來可能面臨的挑戰，與你想出的最佳想法及解決方案綁在一起，這樣的行為就讓你成為一位可信建議者，你提供了洞見協助目標客戶避開風險、掌握機會，並透過你建議的行動來產出更好的未來結果，你是在創造未來。

了解你所創造的策略成果

你現在知道有四種層級的價值，而第三層級為有形成果。有形的結果可能可以用幾個較大的價值動因來表示，例如營收增加、獲利增加，或者是成本降低。但策略結果不同，不是每一個都容易測量。舉例來說，增加大腦佔有率是一種策略結果，也可以被測量，但不像確知節省多少成本一樣容易，對於管理高層來說，這樣的策略結果可能遠比節省成本還要重要。

不同於前述的直接而有形指標如營收、獲利和成本，管理階層所追求的策略結果還有很多種，例如他們可能在維繫客戶、開發新產品或服務、加快上市速度、打開新市場、在市場上引進新產品，或開發新策略及新能力等項目上迫切需要看到策略成果。現在，又有許多領導者正在思考如何在市佔率輸給更靈活的對手之前，開創出數位業務。

你也許不會知道一間公司的領導團隊真正看重的是什麼，但你必須習慣在你的解決方案之中帶入一些策略性思維。如果他們想要的策略行動是「維繫客戶」，你必須要能夠分享這樣的想法：「這些我們分享給你，關於貴公司產業領域中的科技趨勢，顯示出客戶希望能夠透過網路下訂單和進行溝通，如果沒辦法達到客戶期望，將可能會落後競爭對手，並且造成顧客流失。」

策略結果比單純的有形成果更有價值的理由，是因為更系統化且更為重要，並且需要某些事必須精準做到，同時，策略結果會促使改變，而第三層級的小幅度改善則可能做不到。具備策略和改善行動可讓你由業務員成為一個可信建議者。

服務客戶並控制過程

在你的目標客戶的生涯中，有多少次他們決定買下你所銷售的商品或服務？在某種採購案，這個數字最多不超過兩次或三次，而其他投資案，可能是六次。然而在你的銷售生涯中，你總共賣出你的產品或解決方案多少次？一百次？也許幾千次都有可能。

如果你不願意面對服務客戶的過程中的各種衝突狀況，你無法成為可信建議者或諮詢者，所以我們必須花點時間來好好討論衝突和合作，以及這兩者的交集。衝突是生意的一部分、也是銷售的一部分，因為這是一種人類行為。衝突會伴隨著領域而來，例如在銷售領域中，衝突無所不在；某些爭執很小且沒什麼重大意義，但其他爭執可能更大、更激烈、且更困難，這些你通通都要加以管理。但你也要知道，如果衝突存在，那麼合作也會變得可能。

你第一個可能遇到衝突的場合，是當你跟目標客戶約時間見面，想討論改變的可能性，這時如果他們已有合作多年、一起工作也都很順暢的夥伴，你的請求就會對這個關係造成威脅。而如果你的出現，是要討論進行改變的需求，那麼僅是對於走完程序來執行改變的這個想法，就會先引起內部衝突，尤其是這通常隱含你的目標客戶現行作法不正確。即便你的分享不帶任何批評的跡象，這些還是可能會被視為是一種攻擊。當衝突感淡去的時候，這些問題也相對容易被快速解決。要避免客戶對於你探尋新機會的行為感到敵意或是避免客戶被激出保護現有夥伴的情緒，方法之一是提出單純想法討論的建議，進而減弱他們自我防衛的想法，你也可以告訴你的聯絡人，其實他們已經都具備這個想法討論會議的背景知識跟資訊，可以避免讓他們覺得自尊受創，或覺得你不夠尊重他們（藉此方法，讓你能夠產生更友好的關係）。

當你開始要發展解決方案，內部可能對於何謂正確的解決方案有想法上的衝突，如同前面所說，當你協助客戶建立共識，第七及第八章提到的阻礙者和反對者會製造出公司內的政治衝突，大家就會開始保護他們各自的穀倉（silo），也就是各自的權力來源。我自己曾經因為政治衝突而贏得交易，成功讓客戶轉向與我合作，但也曾有過失敗經驗，即客戶保留現有供應商。在其中一個情況中，我的目標客戶說：「僱用你就等於政治自殺，你絕對是個最佳選擇，但如果我在這件事跟我老闆槓上，我這工作就等著說再見。」雖然最後還是找到一個我們可以合作的地方，但這回合，我還是輸了。

而有種不變的衝突一定會發生，就是在價格及合約條款上，作為業務員的我們長久以來讓客戶對其所需之結果投資不足，也就是說，我們一直在承諾他們結果可以更好、更快，而且，還要更便宜，所以當他們現在以為更好、更快、更便宜的東西就是他們在價值主張中要尋找的東西時，其實不用太意外，結果就是當你要求做出充足適當的投資承諾，馬上就會引發衝突。而法律條款上的衝突更不用說，在我們身處的法律社會中，你一定會在合約條款上、尤其是補償和風險這幾個部分有所爭執。我之所以會把這些衝突描述成過程控制的必要組成，是因為客戶公司聯絡人往往會試圖避免衝突，結果反而創造更大的衝突。

在沒有針對解決方案進行合作的承諾下，當這個解決方案無法服務到公司內部的某些群體，客戶可能會製造出更明顯的衝突。例如因為認為最省事的方式是請你直接提供你認為最佳的想法，但卻沒有考慮到某些群體可能需要特別配置或客製化，於是造成的風險是購買解決方案之後卻發現無法運用在該領域的業務上。又或者，當他們才準備要和同事坐下來討論你的提案時，就已經先得到同事殘酷的反對、將整個行動提案完全扼殺。不過，在他們的需求沒有被考量到的情況下，利害關係人會群起反對也是剛好而已。

承諾做到對應結果的投資，也會製造衝突。如果是採購或供應鏈，或者是經濟型購買者進入討論，你就可能會遇到深信「價值永遠等同於用低價找到一個可以協助我們產出更好結果的良好供應商，同時還要可以減少相對應的投資」的這種利害關係人。我最近聽到一位我以為很開明的供應鏈經理說，他告訴一群「現有供應商」，說需要他們在與公司的關係上投資更多，好在無須降低價格的情況下節省公司經費，結果回頭他就發出一個備忘錄，告訴潛在供應商代表要降低報價價格。我目前為止還沒有碰過減少投資可以產出更好結果的情況，但是我有無數的範例可以告訴你，在解決方案中撤出投資一定會造成更糟的結果，即便這些真正的傷害當下看不出來。只能說，在價格和成本之間總是會有差異的衝突，價格很容易量化，而成本則完全是主觀的價值。

當你想把某些利害關係人帶入過程、你想尋求更多支持者，但你的目標客戶對此有想法歧見，這個來回拉扯下做出的決定多半會導致你失去良機，因為他們會想要避免面對阻礙者、反對者的衝撞，以及建立共識過程中的衝突，你的未來客戶往往因為裹足不前的時間太久，然後就像前面說過的，害他們自己在未來面對更多衝突及挑戰。

當在決定誰控制過程時，就容易發生剛剛說的這些衝突，如同前面所說，原因是因為當你的理想客戶不想要面對這些因改變而來的衝突，試圖去避免這些衝突的舉措，就會再導致不同型態的難題，而這些幾乎都會破壞改變的行動。所以作為一位可信建議者，你必須努力控制這個過程，和這些衝突交涉，並幫助客戶公司的聯絡人處理這些衝突。

你能想像作為一個可信建議者，看著他們協助的對象作出一次又一次的錯誤決定，然後一句話也不說，只因為他們不想進行困難的對話？你可以想像一個可信建議者拼命地想要得到未來客戶的生意，以至於他們對客戶所犯的錯誤都視而不見，以避免冒犯到客戶？想要做為可信建議者及諮詢者的人無論如何都要能對掌權者說出真相，你會找到千百個理由支持你，讓你去說出該說的話、用想法跟見解去挑戰，不是嗆聲。

合作方法

諮詢式銷售需要有一套合作的方法。你跟未來客戶討論的是現在及未來的問題、挑戰及契機，他們是過程的一部分，需要參與改變的行動。

衝突的解決妙方是合作，也是讓你成為一個諮詢者的部分因素，我們已經說過可信建議者的角色需要有信任和建議，而合作則創造更大的信任，並讓目標客戶針對你的建議採取行動的能力更加提升，你可以想像一個醫生該怎麼面對病患及疾病，而你又要怎麼去處理各種事務，尤其是處理衝突。

合作代表運用你的機智和客戶一起辨識選項並做出決定，多數時候我們的挑戰在於自以為知道正確答案為何，結果一下子就被一些無謂的事情纏上。我的經驗是，我們曾處理過某客戶的問題，我們當時認為可以將先前的經驗運用在任何類似問題或挑戰上，結果忽略要分析我們在第五章所提到的四個象限。人類是歸納的動物，而歸納是必要且有用的，你不用每一次看到一扇新的門，都要重新評估一下這個門把怎麼用，因為你會自然知道這應該和其他門把差不多，但要記得很重要的是，銷售行為不是你「對」某人做了什麼，而是你「為」某人所做，以及和某人「一起」做的事情，這個「一起」，就是我們在這裡的重點，尤其是關乎成為諮詢者之事。即便你可能知道某個想法在過去曾經對其他客戶是有用的，但現在和你合作的聯絡人可能更知道什麼樣的東西對他們有用、你的理念需要怎麼樣的修正，以及他們現在可以執行什麼內容。你的目標客戶可以對解決方案有所貢獻、可以有機會分享理念並發現任何可以幫助他們向前邁進的事物，這樣的合作也是非常重要的。當你直接跳過合作的環節時，你就剝奪他們這樣參與的權利。合作會強化你享用從競爭對手手中搶來的大餐的機會。

諮詢式方法讓你在邀請目標客戶分享想法、理念、偏好，及他們認為事情應該如何完成的場合時，讓你可以很自然地提出建議。這種方法產生的正面效果很多。首先，當你邀請客戶和你一起進入討論過程，他們便開始有所投入，他們將會握有這個過程、過程帶來的成果以及解決方案的所有權，促使他們承諾會進一步追求與保衛你提出的必要改變，如果這是你在合作方法中所得到的一切，那我想我們可以說這是有價值的策略。其次，也同樣重要的是，合作的過程會增加參與並減少反抗。「業務員」這個詞擔負這麼多包袱，因為過往許多業務員一直都使用高壓行銷戰術、又太過自我導向，導致負面意象揮之不去，藉由和客戶合作了解接下來的問題是什麼以及我們要如何達到我們的目標，你是在消除客戶覺得失去所有控制權的疑慮。藉由和你的客戶合作，你讓客戶端覺得沒有必要反抗，因為這個前進的決策早已有他們的參與。

最後，儘管經驗告訴我們，我們知道客戶需要怎麼做來產出更好結果，但我們不見得會知道他們業界內的眉眉角角（即便我們對其產業已經有一定掌控）。有一些領域絕對是你客戶比你還要清楚的，例如他們的作業流程、會被改變影響的複雜利害關係人地圖，我們可能也不了解我們的提案對他們可能帶來的挑戰。你可能可以在解決方案上完全正確，但對特定公司在解決方案的實行和執行上想法完全錯誤，雙方的合作可以縮小這個知識缺口。

合作提供你在找出前進之路時所需要跟客戶對話的機會，你可能會說：「我想我們需要處理一下資訊主管，因為他對於我們的提案持反對票，我們需要了解他的反對意見及疑慮。我們要思考如何不讓事情變糟，同時或許用某種方式讓他支持我們？或者至少讓他不要再強烈反抗？」合作是一種跨越衝突最有力的方法，也是諮詢方法的一部分。

公正

我曾遇過一個目標客戶告訴我他們需要協助，我已經追這個客戶追了好長一段時間，所以當我第一次能和他們合作時，我感到很興奮。當我們討論到他們的需求時，我馬上發現我司並非處理他們業務的首選，於是我提出將客戶聯絡資訊轉介給其他更能服務客戶需求的人選，讓他們再去詳談。結果我的拒絕，反而激發客戶更想跟我們合作的念頭，但因為我們真的不是正確的選擇，所以我們最後還是拒絕。

如果你想要成為一個諮詢者，你就必須要公正。這段我們需要仔細看，因為可能會有點讓人困惑，你會被拉往兩個方向，因為當你在從事銷售行為中，你需要對公司以及對你所做的事有完全的信任，你需要相信你比你的競爭對手還要更好、你是公司強力的推銷員，同時，你需要相信你的工作是盡可能提供客戶最好的建議，即便你給出的建議可能是叫他們甚麼都不用做、或者把他們轉介給別人、或者拒絕他們。我們來看兩種情境，看看相信你的公司和公正之間有什麼樣的差異。

第一種情境：你偶然發現你的客戶此時非常需要幫助，他們需要你降低你所銷售的商品或服務的價格，因為他們正在面臨虧損，而且他們的終端客戶不同意讓他們提高價格。在這個情況下，你那些報低價的競爭對手其實反而會增加客戶的成本，因為低價做出來的產品品質不到位，並且失敗率比你的解決方案高出三倍。相對的，你的解決方案雖然價格比較高，但能減少公司原本需要的重複作業量，進而降低成本。藉由減少在過程中產生的損失，你可以協助客戶轉虧為盈，於是在這種情況下，你的高單價不只是抵銷了客戶重工的成本，反而還能對客戶有所助益，這也是你的機會教育時間，讓客戶了解追求低價是無法在長遠情況下有正面效果的。

現在我們來看第二種情境：現在的背景情境與剛剛說的第一種類似，你的客戶需要你降價銷售，因為他們正在面臨賠錢的狀況，而且他們的顧客又無法同意他們調漲價格。即便你的解決方案顯然會比競爭對手的低價方案更能運作持久、即便你已經給出你能給的最低價格，但還是沒辦法讓客戶不繼續壓低價格。你的解決方案的持久性確實會降低成本，但節省下來的成本空間，最終真正受惠的其實是你客戶的顧客，而這最終顧客又不願意花更多的錢。所以很不幸的是，沒有一種情境是你的客戶願意購買你的高單價解決方案，讓理想客戶得到其所需的結果。即便用和現在相同的價格銷售更好的產品，你的客戶能做的選擇也差不到哪裡去，也就是說，你的客戶要的是你無法給的，更低的價格。這次的案例就沒有所謂墊高的價格可以跟省下的重工成本互相抵銷這回事，用高價跟他們進行銷售，沒有辦法從任何方式對他們有好處，即便是對其最終顧客有益也一樣。

我們來看另一個更不容易理解也更有趣的新情境，假設你銷售的是一種服務，而你的競爭對手以較低單價銷售類似的服務，雖然你的服務是更高檔、價值更高且對客戶高度關懷，而且你是容易合作的人，可以提供更好的消費者體驗。雖然你創造消費者體驗（第二層級）較好，但實質的成果（第三層級）來看，你跟你的競爭對手沒有差異。這時候如果你建議客戶選擇低價競爭者是更好選擇的話，那就不是公正的行為，因為你們之間有所差異，你的價格更高是因為你能創造更大的價值。

我將這一點做為最基本的理由，有太多在競爭型市場——也就是所謂的紅海——的業務員，一直覺得自己的公司不具競爭力，因為他們的單價一向高於競爭對手。他們沒有追求好還要更好的心理，同時也認為，他們手中這個能創造更高價值、「同類之中最強」的解決方案，用這麼高的價格是沒有人要買的。如果你相信低價格就是高價值的指標，基本上除了不公正以外，這就是個錯誤。這其實等於是業務員在承認自己不懂得如何差異化自己的商品或服務，而且把銷售想得太簡單了。

如果你對客戶推銷的商品或服務，最終是無法對其有利的，那就不應該向他們推銷。如果有其他事物能幫助客戶產出所需結果，那你就應該做好可信建議者的角色，建議他們往這個方向走，即便你是在把生意推到其他人手裡。但如果今天你所銷售的產品或服務可以創造更高價值，卻因為價格較高所以銷售不易，那你就應該完全相信你的解決方案，努力使你創造的價值差異化，盡你所能推銷你的解決方案給目標客戶。

合理化差異範圍

你必須要協助你的目標客戶進行更多投資來產出更好結果，很多業務員及銷售機構犯的最大錯誤之一是，讓客戶對所需結果投資不足。其中很大一部分在於，業務員無法告訴客戶其現有投資及其未來所需的花費，這中間存在的差異範圍是合情合理的，不過要能做到這樣，確實需要一些努力及非常大的信心。

如果你的理想客戶無法得到他們所需要的結果，其中一個原因可能是他們對產出結果的投資不夠。每一個產業中都有軟性成本，難以辨識及量化，每個人都知道也相信軟性成本的存在，但他們也知道要降低軟性成本可能需要額外投入更多金錢、時間及精力。

我人生大半時間都在人力仲介這行打滾，所以我就用這產業來做個範例，仲介臨時雇員或約聘員工的費用價格可能是該員工薪酬再加價五〇%，我曾和一間國際企業的人力資源副總分享我的價格，當我們一邊檢視我們的成果時（事實上結果驚人的好），他說：「你的價格太超過了，你要不要解釋一下？」我回答：「我們需要打廣告、進行招募及背景調查、支付媒合稅、支付薪酬跟福利，最後勉強維持一個四%的純益率。請問你公司內部對正職員工的間接成本有多少？」那位副總看著我說：「我們內部的人力間接成本大概是正職員工薪酬的七四%，其實我早該想到你所有的成本支出和我們都一樣，我了解了。」也就是說，對他來說，透過我們仲介、薪資以外的全部支出是員工薪水的五〇%，而如果公司自行雇用一個擁有全部福利的正職員工，薪資以外的間接成本是員工薪水的七四%，我們便宜了二四%，而我們對價格的對話就結束在此，我藉由協助他了解真實成本以及他能節省多少成本，來合理化這個差異範圍。

人才流動代價高昂，因為你需要重新雇用員工、重新訓練來勝任一個新的職務，也代表職缺未補時，所造成生產力的損失，同樣的，新員工在努力進入狀況時，所損失的生產力也一樣未必完美填補。對某種職務而言，例如業務人員，職位空缺也等同於高額的機會成本，數以百萬計的營收與利潤。

- 你的客戶在無法產出所需產品的代價為何？
- 如果產品失敗他們的代價為何？
- 若更換產品，客戶的代價為何？如果更換產品失敗又會有何種相聯的代價？
- 如果產品失敗，客戶在重複作業及接受退貨的代價為何？
- 為取得產品所付出的代價為何？
- 機會成本是什麼？
- 造成客戶成本節節上升而且需要方法解決的挑戰和問題是什麼？

你的任務，是使客戶現在正在做的投資和他們需要做的投資，這之間的差異範圍合理化。成為一個諮詢者需要你宏觀思考，包含財務投資、時間投資以及精力投資。曾經有客戶覺得我們的價格太貴，於是我們詢問他們是否可以投資更多時間與精力在照顧他們的員工上，我們並不是要求客戶再投入比現有投資更多的金錢。我們要求的投資確實帶來更好的結果，雖然當時他們錯誤地認為我們要求的投資，比他們全部自己處理一切雜事還要貴，但事實並非如此。

創造價值

創造價值需要關係的價值、讓自己廣為人知的能力以及被喜愛與信任的能力，而且還需要策略及經濟價值，因為你總是要拿得出真實產出結果。

這個部份我會簡短一點帶過，成為諮詢者的其中一個最重要的因子是為你的目標客戶創造價值，你所創造的價值不僅在產品中可找到，也在使用解決方案的體驗、解決方案產生的成果，或者甚至是你為客戶所製造的策略結果上。價值也是一種評價你自己和你所銷售事物的方法。

這讓你對於什麼事情需要被完成以及其背後原因的了解及知識成為關鍵因子，你所擁有、知道如何產出更新更好成果的專業，也是一種價值的評估方法，舉個例子，假設一個人知道甚麼是該被完成，但卻不知道該如何協助合作中的客戶執行必要改變，就不能算是價值的創造。

如同我剛剛所形容的，知道應做之事卻缺乏推銷改變的能力，可能剛好就是你的競爭對手現在的境況。同時，你對權衡的知識也是你的目標客戶所需，以便產出更好結果並協助他們做出更好的決定，這也是價值。在一片紅海中，能夠當大白鯊就有肉吃，最大的大白鯊可以主宰這片紅海，為了成為諮詢和可信建議者，你需要比任何人都創造更多價值，要能成為非常活躍的諮詢者、具有高度的合作特質同時又能控制過程、要具有公正性並且可以對你的解決方案和現有夥伴的解決方案之間的差異做合理解釋，所有這些差異化的技能及特質可幫助你建立領導風範，也就是下一章節的主題，是一種無形的概念可讓你的客戶了解你和他們現有夥伴之間的極大不同在哪裡。

現在就這麼做：

1. 哪三種策略結果是你協助客戶所創造出來的？
2. 有哪些承諾是客戶必須同意，來讓你控制過程並確保其得到所需的更好結果？更多有關控制過程的內容，請上www.thelostartofclosing.com以便了解和取得十種承諾的指引。

欲下載本章所附工作表，請上www.eattheirlunch.training。

第十一章 發展領導風範

如果你想要從你的競爭對手手中搶走生意，你必須要能夠成為一個，你的客戶願意拿現有供應商來換的人，即便這個現有供應商已經跟他們建立就像朋友一樣的好關係。你要能夠建立領導風範，以一種具備知識、技能及引領客戶前進的能力的形象示人。領導風範讓你與眾不同，讓你成為每個團隊都想要延攬的人、希望你可以來當隊友、不要當對手。要建立領導風範，你要做的第一件事就是建立自信，你需要在談吐跟舉止都讓人覺得，是一個與客戶高層團隊在會議桌上開會也絲毫不會弱掉的人，你要讓他們把你視為某個領域的權威性人物。你的一舉手一投足都非常重要，而我們在這裡需要回答的問題是：「你如何發展領導風範？如何建立那種強烈的自信？」我們把答案分解成你可以學習去發展的不同元素，有些也是這整本書一直以來在建立的概念。

發展有根據的意見及觀點

可信建議者的建議來自於針對客戶該如何改變以及為何需要改變上，擁有強烈、有根據的意見及觀點，你需要知道會干擾客戶未來營運的外部（有時也是內部）因素，或者導致他們現在舉步維艱的根本原因。你的洞見必須讓你對於客戶現況有所掌握，你必須要能夠對客戶分享你的看法。

我曾聽過業務員說一些類似「生意是他們在經營，他們一定都知道所有的影響因素，不需要我來跟他們說這些事吧。」的話，這是大大的錯誤，如果你確實做到第二章所提到，提升大腦佔有率的一切工作然後學到東西，其實真實情況可能是你比你的客戶知道的還要多非常多，畢竟客戶平常的時間大多花在生意上埋頭努力，每天還要面對營運上的日常問題與挑戰。除了你對於營運的了解之外，你也對於影響客戶營運的趨勢和因素，以及應該有什麼樣的回應舉措，培養出自己的見解。

擁有自己的觀點不只是了解現況而已，你也要對於事情應該怎麼做，能擁有明確的看法。我知道有些人可能會對這些主張嗤之以鼻，但我老實說，如果你不是擁有一些你捍衛的理念而且可以拿來做為建議提供給客戶，客戶又何必在你身上浪費時間？但我並不是說你就不需要透過了解客戶的正反意見來幫助你形塑你的思維，事實上如果你能夠擁有自己的看法觀點，就可以在你跟客戶之間帶來建設性張力，讓你和客戶可以一起發掘各種新的可能性。有一點須注意的是，你有想法很好，但也不需要過於執著或好辯，以免讓客戶覺得你太過固執己見，而拒絕你加入他們。

你會看這本書是因為你想要學習如何摒除競爭對手並吃掉他們手上的生意，這是你的目標，假如你打開這本書發現這作者對如何達成你的目標沒有很明確的想法，也不會挑戰你、逼使你去創造更高價值，不知道要告訴你要提升大腦佔有率、不教你去進行有目標性的探詢、去了解那些為達目標必須要了解的利害關係人並建立共識，你一定會大失所望吧，不過我不會假裝中立，我要為我自己說句話：我確實在這本書中表達了一個清晰的觀點和一套我的看法意見。如果你想要發展領導風範的話，你就需要擁有你會強力捍衛的意見及觀點。

不過當你的觀念與意見開始偏好某種行動方案，你可能就會得到來自某些群體的反彈。先不用擔心，我們之後會在這一章來討論這個問題。

避免資訊對等

要能維持關係，你需要持續學習更多事物，讓你可以不斷產生新的洞見和想法。

另一種領導風範的元素和你的傾向及觀念緊密結合，這個元素便是資訊不對等，如果你和你的客戶都具備一模一樣的知識，那你的存在就多餘了，如果你知道的所有事他們也知道，那當然就不需要你提供任何建議，所以你需要創造資訊上的不對等。

你要這樣想：你是客戶的第二大腦，當他們忙著努力營運，你的工作是進行繁重的閱讀、傾聽及研究世界上任何可能會影響他們生意的事，你要持續尋找新想法及觀念，好讓他們不論在何時都能搶先對手一步。也就是說，你是作為一個可信建議者，讓客戶把思考的工作外包給你。能有這樣對你有利的資訊不對稱狀況時，你就有了領導風範中的關鍵元素之一。

正如美國建國元老之一的約翰．亞當斯曾說，「事實是頑固的，無論我們的意願、傾向或情感指向哪裡，都無法改變事實的狀態及證據。」事實真的就是這樣頑固的。在與主管的會議上，如果你可以完美的掌握事實，那你就可以創造資訊不對等，本書的前段我提到在美國每天有一萬一千名嬰兒潮世代退休的這個事件，這麼龐大的退休人次是一種會影響許多人生意的趨勢，當我們深入掌握這個資訊，我們會發現其影響可能隨產業不同而有所不同，在某些情況下它帶來的是挑戰，如雇用員工填補退休嬰兒潮的空缺，對於其他產業則是創造契機，如保險計劃的龐大需求。

在撰寫此書的同時，無人駕駛卡車已經被開發出來並進行測試。在某些時候，這些卡車會比人為駕駛的卡車還要安全，當發展到一定程度，價格降低、安全度提升到可以取代駕駛員的時候，大約三百五十萬的長途貨運駕駛必須另尋生技。我們可以對這件事是好是壞有不同意見爭論，我們也可討論什麼時候這件事會成真，我們甚至可以討論以機器人取代人類的道德性問題，然而，在未來幾十年內，會有三百五十萬長途駕駛失去工作的風險，這是個事實，沒什麼好爭辯。

這裡的主要重點是，如果你想要擁有領導風範，你必須要腦袋裡有真材實料，你必須了解掌握各種事實，讓你有充分理由來支撐你的想法論點、讓你有證據證明你認為的改變確實是必要的，同時讓你知道改變需要包含什麼內涵。

當你說出像「客戶比我還了解他的生意」這種話時，你在微觀上，也就是單看這間公司，你的論述是正確的，但在宏觀上是錯誤的，因為你應該在其產業特性以及你們的產業的交集上，比客戶有更多的了解，而當你知道的比客戶多，就創造了資訊不平等的態勢。

不要避免衝突

在前一章節我們討論到如何在過程中處理衝突，但是我想在關於領導風範這個範疇下，再討論一下衝突，多數你遇到的高階主管都對衝突感到稀鬆平常，這大概也是跟他們一路爬到這個職位的經歷有關，這種經歷有時也會讓他們變成難搞人物。

某些他們製造的衝突是戰術性的，他們反對你的偏好或觀念，或者反對你對事實的詮釋，只是為了確認你是否真的有兩下子並且是不是認真投入於你的理念想法中。他們創造衝突是為了來測試你是否能夠挺住他們的挑戰，並捍衛自己的想法。

在奇異公司長年任職期間的某一段時間，傳奇執行長傑克·威爾許進行了很多併購評估，他的領導團隊飛快地向他呈報新標的，當某人進行簡報，威爾許會猛烈抨擊，他會告訴他們這個提案糟透了，並問他們為什麼會有這樣的想法，他會強力堅持這不是一個合理的買賣，如果報告人打退堂鼓，他就不會對此採取行動，但如果報告人高聲為自己的提案辯護，他反而會再考慮看看。

威爾許測試的不是他們的提案想法，他在測試的是報告人是否真正深信自己的提案、足以為其辯護，而如果他給他們機會去做，他們是否真的願意認真加以執行。

但其實我想告訴你，衝突在銷售上並不常見的，你不會那麼常遇到衝突，所以其實不用特別去在意它。但是，當你要協助客戶決定改變，衝突就會產生；當你要求他們開除他們的朋友，衝突就會產生；當你和阻礙或反對你提出的改變方案的利害關係人一起合作，衝突就會產生。看完上述你就知道，並非所有衝突都是為了測試你是否相信你自己的說法，或者測試看你是否真的有辦法達到你所銷售的結果。

如果你可以減少自己的情緒性回應，那麼你對衝突會比較容易感到自在，當你看到一個製造衝突之人，你應該冷靜去了解他們的行為背後的原因，在幾乎所有案例中，你都會發現真正的原因是害怕。

總是要有人去當壞人、解除與你的競爭對手的合作關係，可能是某些和現有供應商擁有長期工作關係的利害關係人，這些人需要面對改變，改變他們正在做的事，但因為害怕改變會帶來什麼未知的傷害或者要求，恐懼跟不知所措的情緒下，他們製造衝突並且反抗。又或者，某些主管會害怕你所做的改變，會使他們的權力被剝奪、轉移，他們可能會竭盡全力保護自己的權位。

如果你想要培養自己、讓自己對衝突感到自在，應該用沒有情感成分的眼光來觀察人們的情緒狀態或者挑戰，即便你是改變的催化劑，但你要清楚知道你是來協助公司及其工作的人們產出更好結果。即便你自己遭受人身攻擊，也應該維持冷靜、客觀，讓自己在情緒上跟任何衝突保持距離，不要去回應任何個人攻訐或捲入相互指責的迴圈，請隨時謹記你的目標並隨時保持冷靜。

柔軟的身段，直接的挑戰

能讓人具備領導風範的其中一項特質，是敢於挑戰現狀、理念，以及不帶攻擊性地挑戰客戶的能力。這是我們值得關注的差異。

當你參與協助客戶改變及產出更好結果的過程中，伴隨過程而來的通常會是一堆衝突，因為這是要人們停止他們一直以來都在做的事、停止讓他們受到獎勵的事、停止他們習慣的事，所以很不容易，你必須願意且能夠挑戰現狀，並以一種讓人們同意改變的方式。但如果你用的是很有攻擊型、很挑釁的方式，你的挑戰不會為你帶來任何好處，尤其是當這些狀況已經注定了衝突會發生。

「你在做的事是錯的，不僅過時而且浪費錢，你需要改用不同的方式去做。」只要你說出「錯誤」這個詞，你馬上就創造反抗的情緒，你讓他們覺得需要維護自己的身分認知以及他們在做的事情。簡單的來說，這種挑釁的個性會製造出對改變的反抗。這時候就需要所謂的柔軟身段。

「看起來你已經非常努力，你可能也已經看過或聽過我們想要和你分享的類似想法，這個想法可能讓你更能快速又簡單地得到和你現在相同或更好的結果，我能不能和你分享一些事情，是我們看過別人曾做過，能幫助他們減少可能是你也正在面對的挑戰。」其實在這之後，就是分享新的想法，而這個新想法就是改變，改變本身就是一種挑戰，用新的觀點來看待其生意以及用新方式來營運就是一種挑戰。這時候你再去跟那些反對改變的人針鋒相對，把你自己本身塑造成為另一個挑戰，是完全沒有任何好處的。

你想要激發客戶以新的不同角度看待其生意、想要讓他們做出真正的改變、解除你的競爭對手的合作關係，那麼你需要減少反抗，而不是徒生反抗。在衝突出現的場合，你都需要建立合作關係，你會需要贏得支持，而不是製造對立。

說到失敗

成為可信建議者代表你必須要處理最困難、最具策略性的議題及機會，你必須要可以搞定大件事。

在最近的某次銷售啟動會議上，我觀察到兩位主管跟公司的銷售部門討論，告訴他們需要怎麼做才能成為好的策略夥伴。來自不同公司的兩位主管，對這件事的說法倒是非常一致，他們都清楚且直接地說出，他們希望合作的業務員能協助他們搞定重大議題及挑戰，最有趣的是兩位主管都從災難性的失敗開始說起。

第一位主管說：「未來一定會遇到災難性的失敗，我不是要說會不會發生，我的重點是什麼時候會發生，我想要討論的是，當你作為我們的夥伴，如果真的出現某個會傷害我們的生意的問題，你會需要我們做些甚麼？」這類的災難性失敗是每間公司都害怕的，尤其是當他們的客戶可能在問題出現的時候，會有一段時間無法繼續營運，這也是業務員害怕處理的事情，因為提及失敗，就代表和他或他們公司合作會有顯著風險。

我藉由這個例子來點出，是甚麼東西可以讓一個業務員得到了領導風範。願意去討論系統性問題及挑戰，會讓你成為策略夥伴、可信建議者及具備領導風範的人。如果你避開這些對話、假裝系統性問題及挑戰不存在，就會導致客戶去尋找其他更好的顧問。

正如你在先前章節已知道的，這些未獲處理的系統性問題和挑戰，是導致一間公司改變合作夥伴的原因。你的客戶目前的合作夥伴，可能不想處理那些導致無法得到必要成果的問題或挑戰。也許他們長久以來在客戶公司裡都在演戲，其實他們根本就欠缺生出新想法的機智，或者都對於那些可能會讓他們失去支持的問題視而不見。

當我剛開始從事人力仲介時，幾乎我所有的競爭對手都會告訴客戶，派遣的員工絕對不會不出現。換句話說，他們永遠不會面對派遣員工來工作一天，然後隔天就消失（或者某些時候根本再也沒出現過）的情況。這些都是低薪的派遣員工，而實際上他們被指派前往的公司根本沒有對他們做出真正的承諾，這個合約就是個失衡的合約：「只要我還需要你，你就得替我工作，而當我不需要你的時候，你就閃人吧。」

相反地，與其告訴客戶他們絕對不會不出現，我反倒堅持他們一定會不出現，我向公司解釋這些派遣員工的低薪資及未被承諾，在在都說明了他們必定會不見人影這件事，而我們作為仲介公司就必須更奮力工作才能填補他們的空缺，可能是要在客戶不想要訓練人員的時候還是要派新員工過去。這是事實，我把事實說出來，而且我用一種有經驗、有點權威及一點機智的口吻跟態度來敘述這個事實。這個互動的結果是我成功拿到案子，而我把這個歸因於我願意說出事實，雖然我知道客戶並不怎麼想聽。

成為權威，而不是訂單接受者

我們說清楚一點，你在目標客戶面前，你就是權威。你擁有有根據的意見和觀點、你有客戶所沒有的資訊、你對衝突感到自在、你直拳面對真實挑戰及問題，這些都讓你成為客戶的權威顧問，同時大大地讓你和競爭對手有所不同，也包含他們現有的夥伴。

和權威相反的是訂單接受者，這種單純只會接訂單的人只在乎是否受到喜愛，他們對於自己做的事或說的話小心翼翼，避免未來客戶砍掉他們訂單。即便他們對於客戶營運有些看法，但當他們發現這與客戶現有觀念有衝突，他們絕對不會說出來，因為不想傷害彼此之間的關係。訂單接受者知道如何接訂單，知道自己的產品、服務、特性和利益，但除此之外的事幾乎完全不瞭解。假設發生什麼問題，例如買家做出糟糕決定或對其所需結果投資不足，他們也絕對不會向客戶做出任何一點提示。訂單接受者無所不用其極地避免衝突，而這種避免衝突的方式會讓他們無法成為權威、諮詢者或可信建議者。

更簡單來說，你絕對不能變成一位卑躬屈膝、避免衝突又甚麼都不知道的人。

現在就這麼做：

1. 對於目標客戶現在應當執行以產出更好結果的事，你有什麼樣有根據的觀點和想法？
2. 你對哪些事知之甚詳，以致你的客戶在這塊領域的知識上完全仰賴你，而甚麼又是你現在需要和他們分享的？

欲下載本章所附工作表，請上www.eattheirlunch.training。

第十二章　如何在客戶周圍搭起防火牆

贏得新客戶不夠，你還要必須能留住他們，而且你需要協助他們成長，才能跟他們一起成長，專注於持續成長率是唯一避免你自己落入驕傲自滿狀態的方法，才不會讓你暴露於被摒除的風險中，這我們前面已經提到過了。

你要記得，當你在接觸目標客戶，試圖將他們從競爭對手身邊搶走時，你的競爭對手也不會坐以待斃，他們現在正在做和你一樣的事，試圖把你的客戶搶走，而這就是公司成長減緩的其中一項因素，當你失去客戶的速度比得到客戶的速度還快，公司成長一定會受到阻礙。所以當你正在施展本書教你的招式時，你同時也必須保護你的現有客戶。但你也應該注意，有的客戶維護策略反而會導致業務員產出低於他們實際能力所及。

成果、執行、母雞

一隻母雞坐在雞蛋上等著雞蛋孵化，給雞蛋保暖，想著要保護它們不受威脅，牠對為雞蛋保暖很有一套，但作為一隻母雞，保護雞蛋不受到掠食者及外在威脅就不是牠擅長的事了。套用到真實世界裡，在銷售行業中，作為一隻「母雞」代表的是緊守著客戶清單、試圖保護他們不被拉走，而不是持續探詢、創造新機會，以及做真正的實際工作來努力留住客戶。當業務認為，因為他們賣給客戶的是一套更好的未來成果，他們就要負責產出這個結果的所有交易實際執行行為，這樣是不正確的。這代表著甚麼？請思考下列的情況：

- 如果有一筆訂單有問題，業務員總是隨時聽候差遣，他們追蹤到這個漏掉的訂單，找到物流業者、打給他們的客服，然後千方百計地找出這筆訂單。
- 當發票不正確時，業務員跟客戶及自己公司的帳務處理部門拿了各自留存的資料影本，坐在電腦前製造一張發票範本然後自行修改。但其實業務員本身Excel也用得不是非常順，畢竟不是自己專業，甚至連搞清楚發票上的資訊都有些困難。
- 當客戶需要一份報告時，他們去找業務員提出需求。業務員熱血沸騰地覺得要證明他們客戶至上的服務態度，就完美的做出客戶需要的報告。而且為了完美確保讓客戶會更開心，他們也還另外作了一些圖表簡報檔。

這些全是交易過程實際執行的行為，這些是要服務客戶需要完成的事，但它們並不是業務員賣給客戶的結果。業務員應該要銷售的是一個更好的未來狀態、讓客戶產生更高的營收、更低的成本、獲利也因此提高、增加市佔率、探索未開發市場，或者是解決五年來都沒有解決的生產量問題，或者變更一大部分的營運項目。

這些每天都要做的客戶服務工作不是你作為業務員的真正工作，而是你公司的執行團隊應該要處理的工作，你在銷售上的任務，歸根究柢只有兩件事：創造契機和抓住契機。你需要確保客戶得到你銷售的結果，而且你要為此負起責任，因為這是你所銷售的成果。當你沒有辦法確保交付你所銷售的結果，你在同一個客戶身上就沒有什麼機會再繼續創造下一個契機了。這毋庸置疑就是這樣，哪還有別的結局？你告訴他們會得到一個特別的成果，然後卻沒有發生，客戶是要怎麼相信下一次就會不一樣？

當客戶打電話來要求協助一筆訂單，你的角色是傾聽客戶、評估問題、然後告訴他們你會把資訊交給執行團隊，確保團隊具備所有細節，你也要告訴客戶你的團隊很傑出、一定會解決問題，而且會定時報告處理進度，然後你會承諾在當天下班前回電，確保團隊解決問題並使客戶滿意。上面這些事可能只花你十分鐘的時間，做完之後你就回到你該做的事情，努力創造更好的成果，把那些細部的事務交由你的團隊去負責。

這些範例其實主要要表達一個重點，就是當你認為這些實際細瑣的事務執行可以讓你的客戶不會被你的對手搶走，你其實就無法聚焦在搭起客戶周圍的防火牆上，這才是你真正必要的工作之一。

如何維繫理想客戶

如果解決客戶每天面對的大大小小挑戰不足以留住他們，那甚麼才可以呢？應做甚麼必要之事才能讓你自己避免被替代？

新價值

從每季到每年，你都需要主動創造新價值。創造新價值需要你以策略夥伴的角度看待客戶的營運，發展導向更好未來結果的路線圖，並持續為未來改變提出想法。

在本書先前我們看見競爭對手可能將自己置於競爭性替代風險中的某些理由，或許可以說是絕對的理由，例如驕傲自滿、冷漠、沒有被妥善處理的系統挑戰，或是服務上的問題，要處理這些事情的最佳解，當然就是持續創造新價值。

當你贏得理想客戶的生意時，你以有說服力的理由促使客戶改變，你建立改變的共識，你努力協助客戶向前邁進，而你幫助他們產出其所需要的更好結果。所有這些行動都是讓你贏得客戶生意的重要元素，也恰恰就是留住客戶的絕對方法。

除了忙於這些每天都要執行的瑣事，追訂單、開發票、做報告（或者幫客戶領乾洗衣物、幫他們遛狗，或買牛奶買麵包）之外，你應該專注於創造新價值，你要想的是下一次的契機，以及可推向更好結果的下一個行動。如果你要花時間在現有客戶上，你要做的是在這段時間為他們創造價值。發展路線圖是一個不錯的點子，你要思考在接下來三年內你要將客戶帶到哪個目標階段？好比他們在第一季開始購買你的商品或服務，你花了一季的時間讓他們做好準備，再花了一季來細部微調，那之後呢？一旦他們準備出發並產出新成果時，他們接下來要做甚麼才能表現得更好？也許第二個行動需要六個月才能百分之百上線。那再之後呢？

你現在拿起紙跟筆，在紙張上方分出十二個季度，你會在這些季度中列出甚麼行動，會讓客戶改變、創造更高價值，甚至是為他們產出更好的結果？如果你做得到，你就得到一張路線圖。

在三十六個月內，一定會再出現其他的新挑戰及促使挑戰發生的事件，只要你警惕自己並持續檢視產業環境，和利害關係人保持密切關係，以便了解他們需要做的改變，同時努力創造新契機，你就可擋下競爭性威脅。

留住客戶主要的關鍵是從每季到每年，持續不斷推動新價值，如果有任何具吸引力的改變理由，那你就先下手去推動這個改變，讓客戶不被你的競爭對手吸引。其中一個讓銷售機構和業務員創造更高價值的主要特質是未來導向，也就是說你不是被動回應客戶對改變的要求，而是主動為改變提出充分的理由。能夠促使改變是第四層價值與第三層價值的差異點。你從第四層滑落第三層價值的原因，就是因為不斷累積出現的自滿情緒及被動態度。你必須要在客戶說「動起來！」之前，就已經先動、提出改變的充分理由，並持續向前推進。

如果你想要成為客戶的策略夥伴，那麼你必須像是其領導團隊成員之一，你必須帶給他們新理念，告訴他們需要做出的改變，告訴他們「下一步該做什麼」。

為結果負責

要在競爭威脅中保護好自己的客戶，一切始於對你所銷售的結果負責，你必須能負起責任，做到你所承諾的產出，幫助客戶調整、解決議題，並確保正確執行。你負責任的程度越高，越會創造更高的忠誠度，如果你的客戶可以仰賴你產出某種成果，他們便可將注意力轉往其他事項上，因為知道你會做好你自己的事。

不過這裡我們要來看一下兩種錯誤，第一種是前面說的反例，當一個業務對銷售結果不加以負責，辜負你的客戶。第二則是沒有適當地把產出結果歸類為你自己的功勞。

當你不對產出成果負責，造成的執行失敗會讓你的客戶動念想尋找新夥伴，而這時你的競爭對手就會趁虛而入。儘管你可能具備商業敏感度及情境知識，你可能有最好的想法跟點子，你可能會建立共識、能夠說服所有頑固的反對者，讓所有人能同聲說「好」而最後贏得生意，但如果你無法完善執行你所銷售的商品或服務，這些都沒有用。當你的客戶因為你沒做好工作而無法營運，那他們會被迫去做他們任何為了產出成果而必須做之事，因為你的客戶也承諾了他的顧客。你的執行不力造成客戶時間及金錢的損失，他們必須對公司及團隊負責，並為你的失敗進行補救。

跟你建立關係不能造成客戶公司內部關係的損害，他們不可能為了掩護你的辦事不牢而摧毀其團隊成員之間的關係，也不可能接受因為你的失敗而損失顧客。但我想要在這裡澄清一點是，我們討論的是執行上的失敗，不是執行過程帶來的挑戰。要為客戶服務當然不是簡單的事，就好像客戶在服務他們的顧客時也會有問題與挑戰。然而，這些挑戰不會一直持續下去，必須被處理並解決。

在《成交的藝術》中講到的第十項承諾，就是執行的承諾。多數人覺得承諾購買便是買家最終需要做出的決定，事實上不是，他們必須對執行有所承諾。那本書在這段包含了兩個觀念，第一種是當你在為客戶產出結果時遇到困難，你需要在你自己的組織先進行必要改變，這對你公司的內部團隊或管理階層來說並不容易，但是卻很重要，而你的客戶端執行的承諾也一樣非常重要，有些執行過程的挑戰發生在你的客戶沒有做到他們該做的，也就是說你這邊做了必要的改變，而他們雖然同意但實際上卻拒絕改變。你必須介入並協助他們做出這些改變，否則你會將自己暴露於替代風險中，即便根本原因是你客戶那邊的執行不力。

這讓我們講到另一個客戶關係維護的威脅，就是不將產出結果歸類為自己的功勞，和客戶合作的絕對法則會像下面這樣：

- 客戶會用放大十倍的記憶力，去記清楚和你合作過程中必須忍受的每個問題、挑戰或議題，但你每次為他們所解決的每一個問題、挑戰或議題，他們的記憶就沒有那麼清晰了。
- 客戶不會知道你在執行面及成果產出上有多在行。

用學校來比喻好了，你有百分之九十七的成績是Ａ，在某些學校可能是Ａ＋，你的客戶可能在意的是你沒有表現出來的那百分之三，除非你特別向他們點出你為達到這百分之九十七所做的任何事情。這也是為什麼要把你做的事情、你的成績紀錄起來，然後把分數秀給客戶看，你必須證明你的執行力，所以當某人問起你的聯絡人關於你的工作，他們可以為你和你的結果說幾句話。

所以從細數自己的功績開始，然後重新檢視你所有的問題和挑戰，讓你的客戶知道你對每一次的失敗都有所了解並跟他們分享你是如何修正這些失敗。如果仍有未完成的部分，確保你的客戶知道你已了解並介入，讓他們知道你如何應付這件事，以及預計何時會完全解決。如果這些問題的修正需要你的客戶改變他們正在做的事項，那麼在開會檢視你的成績分數時，會是討論改變的好時機。

所以說，如果沒有人知道你在做的事是甚麼，那你等於是沒有做任何事，這對你的成功來說是如此，對你的挑戰來說一樣如此，所以你要紀錄自己的成績，不要讓客戶用他的眼睛來評價你的功績。

發展並保護關係

越少人知道你、喜歡你、信任你及找出你和你團隊的價值，你就越有可能面對競爭性替代的風險。當有事件發生時，比方說有大型公司併購你客戶的公司，或者你的關鍵利害關係人離職，你需要和能為你辯護或為爭取留住你的人建立關係，這需要你在組織中發展水平及垂直關係。

如果你曾於任何一段時間裡在偉大的銷售遊戲中殺上幾回，你應該有過類似的不幸經驗：某個客戶聯絡人完全支持你、保護你，跟你確保你會得到他公司的生意，結果卻離職並被一個變革促進者取代。他替代了你的聯絡人，新官上任需要趕快立功，檢視營運現況後發現了你——一個在提供他們所需成果的過程中遇到許多困難的供應商（對他們而言，你不算是個策略夥伴，就是個供應商）。在沒有了解到問題是系統性的，可能是公司無意願改變所導致的結果，而且你已經建議改變不下十次的情況下，新的聯絡人還是決定解除你的合作關係，並以他們曾經用過的供應商加以替換。

在許多例子中，一個新的領導人通常會覺得解除供應商的合作關係，比讓公司任職的人解職來的容易。供應商可能有或者沒有深入的關係，即便有好了，也只是個供應商而已，供應商來來去去，把這一個換成另外一個也不是天塌下來的大事。在不了解公司政治的狀況下，換掉一個供應商的決定，看起來絕對比讓與團隊其他人有更深關係的員工離職更好更沒風險，因為不知道會不會出現某個人不喜歡這個決定。

這就是為什麼只仰賴單一一個支持者是危險的事，尤其當潛在負面事件發生的時候。在對一位客戶服務時，總會發生一些事件，你的支持者會離開、轉換工作或者退休，你客戶的公司可能會被另一家公司買下，而母公司早已經和策略夥伴簽下合作契約。客戶可能某一天會因為某些緣故要求重新檢查所有合約，可能要所有供應商重新談條件，又或者時不時有業務員會見縫插針，用少三三%的這種誇張價格來搶生意（這是我曾經面對過的狀況，我的一個競爭對手曾經寄報價信給我客戶的領導團隊的每個人，想用這種方式讓我們居於劣勢，我們靠著跟客戶的關係以至於撐過這次，但也差一點就無法生存）。

所以當某些事情發生時，你會希望客戶公司裡有不只一人會願意以任何方式為你說話，你會希望有更多有影響力的人願意力挺留住你，因為你做為他們正在進行的事的一部分，對他們來說非常重要，而且失去你所要付出的代價實在太高。越多人認定你是策略夥伴（第四層級），願意為你說話的人就越多。同樣地，越多具影響力的人認為你創造的是低階價值，比方說是商品價值的層級（也就是第一層級），他們也不太可能為你說話，即便真的要，他們能夠拿來捍衛你的彈藥也越少，即便是最在意第一層級價值的終端使用者欣賞你，狀況也不會改變。

你可能會以為一定要讓組織圖頂端的利害關係人支持你才行，這不一定是正確的。多數時候，仰賴你去執行你的解決方案的人，只有相當低的正式授權但卻有超高影響力，由他們來解釋你的重要性、仰賴他們的領域專業來為你和你的解決方案辯護，要剔除你會變得非常困難。

發展可以抵抗任何競爭性替代威脅的關係並不容易，每一種關係的培養都有代價，這個代價就是時間與金錢，付出代價就代表你人要出現而且要直接接觸，因為關係需要親密度，你需要了解合作的對象是誰、他們想要的是什麼、為何想要、他們的偏好是什麼，以及他們不想要的是什麼。親密度代表的是讓對方覺得：你知道我，了解我，也懂我。如果你做不到，那我就會去找其他做得到的人，如果你對我的關心程度不足以發展關係，那麼我就會去找其他真正關心我的人。如果你知道我，了解我，也懂我，那麼我們之間的親密度就會讓我在所有挑戰者前面為你辯護，因為換了一個人，這個人就不見得夠了解我到能幫助我得到我想要的東西，相對的風險實在太高。

培養關係對於留住客戶及保護你自己免於競爭性替代是有其必要的，讓我們來看看實務「怎麼做」：

發展節奏

你可以藉由發展關係中的節奏保護你的客戶，其中一種方法是營運季會，但也同樣重要的是在這些大型季會之間的小節拍，也就是小型的會面。我們實際來看你可以怎麼做，來確保你在客戶周遭建立防火牆。

讓我們從大型定期會議開始，像是和你客戶召開的每季營運會議（QBR），這是和客戶公司的領導團隊及聯絡人召開的大型會議，你可以在這個場合報告你的考試成績，也就是實際績效，討論議題及其決議，以及未來改變的機會。這場會議讓你可深化關係、跟客戶分享你的績效，並創造新價值。因為議程對你客戶的執行領導團隊，以及每天合作的利害關係人有價值，你有機會把眾多聯絡人同時集合在一間房間裡。客戶的領導團隊可能不太理解你正在做的事情、你現在面對何種挑戰、你在前一季做了什麼改變、你做得有多好，或者你建議的下一個改變是什麼，如果你不趁這時候和他們分享這些事，他們可能會認為你甚麼都不做，如果你不分享你的新想法和洞見，你等於是把分享想法的機會讓給你的對手，也就是捕獲大腦佔有率的機會。而且，如果你不趁這場合傾聽你客戶的領導團隊的心聲，你無法知道他們腦裡擺第一順位的事情是什麼，也無法知道你這邊應該做甚麼改變來幫助他們。

這些會議是主要的大節奏、大拍子，而這些節奏之間需要有一些發展及深化關係的次要節奏，這些次要節奏可能會是由你的團隊成員跟客戶做每周協調會議或者電話會議，接著是每月和你的電話會議，以確保你有達成你所銷售且承諾的結果（在此還是要鄭重地提醒你，你不要去做那些細微的瑣事）。

其他次要節奏可能會是和客戶管理團隊的會議，分享一些想法，關於下一步可以安全探索也不會激怒其他的利害關係人的新方向。當你提出新價值，你便在提倡改變，這代表你會需要重複執行建立共識的工作，而這可能需要你小心仔細的去在各個利害關係人腦中種下你的想法種子，如同前面章節所說，盡早找到對你的想法友善的支持者。

本章的所有內容，都是在理想客戶周遭建立堅不可摧的防火牆中，讓你放心進行你摒除競爭對手的努力，不用害怕對手把你的客戶搶走。

現在就這麼做：

1. 你需要為現有客戶創造何種新價值，好保護他們免於被你的競爭對手搶走？
2. 做一張計分卡和你的客戶分享、提醒他們，你所為他們創造的價值以及你在解決問題和挑戰上有多在行。

欲下載本章所附工作表，請上www.eattheirlunch.training。

結論　區辨想法

在一個越來越在乎交易多過於關係的世界中，競爭性優勢會偏向那些投入於人際關係、人與人的深入連結及為他人服務的人。

現今銷售的大勢是讓所有事情自動化，尤其是在有關探詢客戶方面。因為在企業對顧客的世界中，顧客可以在沒有人類互動的方式下購買任何想得到或需要的東西，一切都只要手指一點。許多在企業對企業領域的業務主管及其公司的領導團隊，都希望可以比照同樣模式來降低取得客戶的成本。雖然這些銷售主管和高階主管逐漸建立了避免被商品化的觀念，但他們卻做出一個大相逕庭的決定，反而更加深別人對他們商品化的感知，因為缺乏差異化並且幾乎無法幫未來客戶創造價值。於是這些領導者，根本無異於那些無法辨識價格與成本之間差異的採購代表。也就是說，當他們試圖降低取得新客戶所要付出去的價格，他們反而增加了成本，因為這些行為都只是交易。但對於目標客戶來說，當他們已經在思考是不是要換掉正在合作的供應商，就表示他們真正需要的絕對不只是交易而已，而是需要價值。你應該對你想要的付出全部的努力，而不是想要輕鬆尋找一筆交易，然後在你想要的結果上又不願意投資投入，這兩者相比，前者一定勝出。如果你會指著客戶告訴他，這樣的行為是捨近求遠時，那你也不應該犯一樣的大錯。

這又是一本有著強烈標題的書籍，是我第三次企圖力抗現代浪潮的嘗試，雖然看起來是很唐吉軻德式的熱情，但我相信我們這些願意相信人際關係，並活躍於開發契機來協助他人創造改變及產出更好結果的人，長遠來看會是這場辯論的贏家。當一個人或機構需要採購任何事物來產出策略結果，而這個事物需要時間、精力及資源上相當大的投資，人際關係永遠會是其中的關鍵點。商業世界被高度交易化或人際關係高度連結化兩個方向拉扯，你會發現真實的價值及差異化一定是偏向高度連結化。

因為目前很多產品的技術本質，導致今天有很多的工程師佔據了業務員及領域專家（SME）的角色。在未來，我們可以預期的趨勢是會看到更多的業務員以及主管，有著各種不同領域、不同階層的學術背景，可能是博雅教育（Liberal arts）背景，可能是人文學科背景，或許是個藝術碩士，這在矽谷目前還是不常見的情況。當這個世界上越多東西是由機器製造、由電腦銷售、透過聊天機器人溝通，一段帶有關心溫度的關係會變得越有價值。

我在這本書所分享的理念，始於協助你的目標客戶改變和產出更好結果的需求，然後逐漸形成一套出自於你對客戶的關心，而你必須要去執行的事，幫助客戶把你的想法付諸行動。如果你想要在工作上找到目的及意義，這就是你的目的跟意義。如果你想要找到開啟你每一天前進動力的啟發感，那麼抱著服務的心，為別人做出貢獻、做出改變，不論有沒有收費，都非常值得你這麼做。

本書的中間篇幅在於協助你以更新更銳利的角度來檢視、深入了解你的客戶及未來客戶，讓你更看得清楚你合作協助的對象，也讓你對於如何將他們帶往更好未來，有更全面的觀點。

本書的後三分之一部份告訴你，你需要讓自己成為一個更好的人、做更好的事，同時告訴你，儘管自動化在現今業界中被大力推崇，所有可見之物無不商品化，但你絕對不能忽略關係的重要性。現在沒有更急迫需要被完成的事，能比得上你自己個人及專業的成長，這也是我所有拙作的核心訊息。你的目標客戶決定了誰可以被信任、可以向誰購買商品或服務、誰又可以加入他們的團隊。當我們沒有被客戶接納，我們會想要把失誤歸在自己以外的人事物上，是我們的價格的問題、是我們競爭對手的問題，或者是客戶的問題。但無論你如何試圖釐清責任，如果你可以把一次成功歸類自己的成功，那麼失敗也一定會是自己的失敗。

如果你已經讀到這裡，我想我對你應該有一些了解，你是那種會關心自己個人和專業發展的人，會想要以心態、各種技能及工具來裝備自己，讓自己能創造競爭性優勢並達到最佳表現。競爭性替代並不容易執行也不容易成功，但因為你已讀過此書並實行書裡的知識，你會比其他人更容易成功，而且你會有機會把競爭對手正在服務的客戶（儘管服務兩個字名過其實，你的對手其實可以做到更好的服務）搶過來。

現在你準備為坐在桌子另一端的人創造更高層級的價值，你在無人不是交易品的世界裡作為一個高度連結化的人，即便你的服務對象是複雜、麻煩、難以取悅、難以了解的人，但你仍會認為，這一切值得你投入時間與精力。

你為他們創造價值的方式，是花時間相處，藉由對他們傾聽、試圖了解如何協助他們以及他們的團隊，即便你知道不容易，即便一切不會像你希望的快速出現成效，即便關係在現今世界是由點擊數、按讚和表情符號來衡量，但你是會出現的那個人。即便現在有各種媒體可以運用，省去你的時間與麻煩，你一定是那個會親自出席、看著客戶的眼睛面對面說話的人。

讓你達到最佳表現的契機、可帶給你生活目的和意義的工作，不會在社群網站的互動裡面找到。你所要做的不一樣的事是去協助其他人面對挑戰，如果你覺得這完全是商業世界以外的東西，如果你認為這根本無法應用在你所處的產業中，那麼我要來幫你重新建構一下你對我們所做的事情的想法。

我們生命大部分的時間都花在工作上，如果你跟著我走到這本書的這麼後段，我想你生命中多半時間應該是都花在你的客戶和未來客戶上。要不要讓自己全心投入、是不是要在你跟人的互動中注入你的真誠關懷、肯不肯為另一人塑造一個可以達到不同境界的目標，決定權都在你。但你知道你應該在每次坐在客戶和未來客戶面前的時候，都不以只是看待交易的方式與之相待，你應該將對方做為一個你所關心的人。當你有帳單要繳、小孩要照顧、家庭要經營、要求一大堆的客戶，然後一季即將結束時你的業績量還是落後目標的時候，要全心投入工作是一件艱難的事，我都懂，我也曾有同樣感受，但我不會故作正面地告訴你虛應故事沒有比較輕鬆。對抗困難，全心專注於其他人及其挑戰，是值得讓你這麼做，讓你跟其他人不同的差異化因素。

在某些產業，創造和你合作的偏好，可能是決定你是否成功，最顯著的單一決定因素，這個狀況下，只有與人相關的事物可以帶來不同結局，你在人際之間的投入越多，就會創造對你有利的環境，讓你超越任何做不到一樣投入的人。當人際之間的投入少、走向交易化，你馬上就會遭到非中介化，也就是你不再被需要，很快你就會發現你的工作沒有意義且沒有價值，你會發現你就此失去連結、群體意識、責任感及義務感。

本書是一本實用手冊，是設計來協助你專注為未來客戶及理想客戶創造更高價值，以此摒除競爭對手。我想要懇求你，以我撰寫此書時抱持的精神去做這件事。每個星期天我完成每周客戶通訊的時候，我都以一句「做對的事」作結尾。這句話說出我們工作的品質，也說明了我們的意圖。

做對的事，並把你成功的故事寄到anthony@iannarino.com給我。

致謝

我出第一本書《金牌業務：9種心態＋8項技巧，決定你的業績表現》的十個月後，《成交的藝術：達成交易的十個關鍵承諾》出版，再相隔一年多以後就是本書的誕生。這讓我在寫這段感謝詞的時候可以說非常容易，同時又非常困難。容易是因為我要感謝的人並沒有變動多少，困難是因為這項工作沒有他們的大力支持便不會存在。

雪兒，謝謝妳的耐心；艾登，謝謝你的信心；米亞，謝謝妳的正義感；艾娃，謝謝妳的毅力；媽媽，謝謝妳堅定不移的價值和支持；爸爸，謝謝你給我的信念；賽達，你是關係發展能力很強的人；塔拉，妳是我見過能最快和人建立連結上的人；傑森，謝謝你讓人在遇到困難時刻可以苦中作樂，尤其是我；麥克，謝謝你在行為不檢上一路與我相伴。

感謝我在Solutions Staffing公司以及Iannarino Fullen集團的家人，尤其是佩格．馬蒂威和喬夫・富稜。

感謝企鵝藍燈書屋旗下Portfolio出版社的阿德里安・扎克海姆、威爾・魏塞、考許克・威斯瓦納許、雅莉莎・艾德勒及凱瑟琳・華倫提諾，謝謝你們相信我的心血以及在兩本書上的協助，還有我在權威商業書評網800-CEO-Read的朋友們，一樣感謝你們。

要特別感謝巨人們，傑布・布朗特、馬克・杭特及邁克・魏堡。

感謝賽斯・高汀做為一個典範、感謝他的啟發以及他的智慧。

感謝貝絲・麥斯特、海瑟・梅、法蘭西斯可・拉薩羅、戴米恩・沃勒、戴夫・加德納、安柏・赫許、鮑柏・卡巴克斯、柴克・胡佛、關・賽西爾、艾美・托賓、賈斯汀・勒夫里爾、泰勒・班奈特、杭特・邁爾斯。

感謝奈森・史貝瑟、派屈克・加拉格爾、吉姆・波斯蒂克、大衛・羅倫斯、史提夫・馬維斯塔、傑夫・史密斯、布列特妮・法蘭西斯、卡斯坦・米迦勒斯、伊凡・塔契耶夫、約翰・佩卡利克、吉姆・馬克斯、艾爾・杜彭、史提夫・芬瑟、提姆・穆瑟尼帝斯、丹・普龍、史黛西・克里芬哲、史特夫・柏恩、泰利・卡欽斯基、莎拉・基爾柏格、史提夫・薩斯曼、大衛・內南、瑞克・馬爾切特、西恩・戴蒙、克莉絲汀・娜蕾奇、布萊恩・托馬斯、布萊恩・亞莫維奇、比爾・普羅克托、李奇・亞里歐拉、傑森・史蘭柯爾、丹・亞里歐拉、克莉絲汀娜・卡尼薩雷斯、約翰・瓦特金斯、傑・赫爾瑟、約翰・勒布洛西、科斯莫・馬札、吉姆・哈提根、蘇・唐娜、馬克・吉布森、邁克・謝里丹、普萊斯・柏靈頓、佛瑞德・佩吉、阿倫・馬丁、瑞奇・尼格羅、史黛西・柯里、布蘭登・亨佛萊、安迪・蘇斯特、阿米爾・尼札姆、里亞德・尼札姆、賈米爾・尼札姆、裘蒂・柏爾特、雷亞・沙茨曼、伊莎貝拉・布雷、茱蒂・托藍、茉莉・海勒翰、克里夫・亞柏、葛雷格・瓊斯，以及凱爾・羅維。

還要感謝凱利・馬丁尼、拉哈・茲維、邁爾士・斯丁、約翰・斯彭斯、麥可・康克、萊安娜・霍格蘭德・史密斯、麥特・海因茨、洛瑞・理查德森、陶德・山特、艾倫・梅爾、羅伯特・特森、卡琳・巴蘭托尼、凱莉・羅伯遜、陶德・史尼克、艾莉絲・R・海曼、蓋里・哈特、南茜・納丁、安迪・保羅、史蒂文・羅森、埃利諾・斯特茲、理查德・魯夫和珍妮特・斯皮拉爾、黛安娜・吉倫、丹・瓦爾德施密特、蒂姆・奧海、凱利・里格斯、多利安・琳・海帝、道爾・斯萊頓、李・巴特利特、凱利・麥克科米克、戴夫・布羅克、葛哈・史汪德、鮑伯・堡爾格、道格拉斯・博德特、麥可・佛林、唐娜・凱利、菲爾・格布沙克、戴夫・薩瓦吉、安東尼・康克林、詹姆斯・卡巴里、威爾・巴倫及保羅・瓦茲。

亞當斯密 06

你的客戶就是我的客戶：打破紅海僵局，取代競爭對手的業務生存策略

Eat Their Lunch: Winning Customers Away from Your Competition

作　　者　安東尼．伊安納里諾（Anthony Iannarino）
譯　　者　洪立蓁
主　　編　簡伯儒
協力編輯　林祐丞
執行主編　簡欣彥
封面設計　萬勝安

社　　長　郭重興
發行人兼出版總監　曾大福
出　　版　遠足文化事業股份有限公司　堡壘文化
地　　址　231新北市新店區民權路108-2號9樓
電　　話　02-22181417
傳　　真　02-22188057
Email　service@bookrep.com.tw
郵撥帳號　19504465
客服專線　0800-221-029
網　　址　http://www.bookrep.com.tw
法律顧問　華洋法律事務所　蘇文生律師
印　　製　韋懋實業有限公司
初版一刷　2020年11月
定　　價　新臺幣400元

國家圖書館出版品預行編目（CIP）資料

你的客戶就是我的客戶：打破紅海僵局，取代競爭對手的業務生存策略／安東尼．伊安納里諾（Anthony Iannarino）著；洪立蓁譯. -- 初版. -- 新北市：遠足文化事業股份有限公司堡壘文化, 2020.11
面；　公分. --（亞當斯密；6）
譯自：Eat their lunch : winning customers away from your competition
ISBN 978-986-99410-5-1（平裝）

1.銷售　2.銷售員　3.職場成功法　4.競爭

496.5　　　　109017274